レクサス

トヨタは世界的ブランドを打ち出せるのか

福田俊之 監修
Fukuda Toshiyuki
井元康一郎 著
Imoto Kouichiro

プレジデント社

GS450h

GS350

GSF

LS

LS600h/LS600hL/LS460/LS460L

LS600h

LC500　2016年、北米国際自動車ショーで世界初公開された。

NX300h F SPORT

2015年、東京モーターショーで
プレゼンするトヨタの豊田章男社長。

2015年、東京モーターショーに出展されたレクサスのコンセプトカー「LF-FC」。

2015年、東京モーターショーでプレゼンするレクサスインターナショナルの福市得雄プレジデント。

2015年、東京モーターショーに出展された新型レクサスRX450h。

レクサス

トヨタは世界的ブランドを打ち出せるのか

目次

装丁　秦　浩司（hatagram）
帯写真　Natsuki Sakai／アフロ
本文写真　宇佐美雅浩／トヨタ自動車

第1章
レクサスはいかにして生まれたか

レクサスを変えなければいけない

「レクサスを変えてほしい」

世界最大の自動車メーカー、トヨタ自動車を率いる豊田章男社長（以下、章男）のこの一言から、トヨタの高級車ブランド「レクサス」の〝再チャレンジ〟が始まった。

レクサスは、トヨタの高級車ブランド。アメリカで初めてレクサスが発売されたのは、約四半世紀ほど前の１９８９年。章男がレクサスを変えてほしいといったのは２０１４年、ブランド発足から25周年を迎える年の春のことだった。

アメリカの高級車市場において、レクサスは今日、堂々たるメジャーブランドのひとつに成長した。２０１５年のアメリカにおける年間販売台数は約36・8万台となり、レクサス史上最多となった。今や、メルセデス・ベンツ、ＢＭＷと並ぶ高級車ブランドの〝ビッグスリー〟というべき存在である。

２００５年には、念願の日本への〝凱旋《がいせん》帰国〟を果たした。一気に販売網を全国展開し、２０１５年には導入から10周年を迎えた。その間、知名度は徐々に上がり、今ではクルマについて少しでも関心のある人であれば、レクサスの名を思い浮かべることができるほどに浸透している。黒地に銀文字で「ＬＥＸＵＳ」と書かれた専門のディーラーが全都道府県、合計で約１６０カ所に設けられている。路上でシルバーリングの中に斜体字のＬを配したレクサスのロゴをつけたクルマに出合う機会も増えた。

ラインナップも充実している。アメリカでの発足当初はフルサイズの「ＬＳ」とミドルサイズの「ＥＳ」の２モデルだけだったのだが、今日では最もコンパクトなハイブリッド専用モデルの「ＣＴ」にはじまり、高級車としては比較的リーズナブルな前輪駆動ベースの乗用車として「ＨＳ」「ＥＳ」、高級車の本丸といわれる後輪駆動ベースの乗用車の「ＩＳ」「ＧＳ」「ＬＳ」、クロスオーバーＳＵＶの「ＮＸ」「ＲＸ」、本格的なオフロードＳＵＶの「ＧＸ」「ＬＸ」、ラグジュアリークーペの「ＲＣ」と、幅広いジャンルにズラリとモデルをそろえている（図１）。２０１７年、フルサイズのラグジュアリークーペ「ＬＣ」もラインナップに加わる見通しであるという。

アメリカで排気量４リットルのＶ型８気筒エンジンを搭載する堂々たる高級車「ＬＳ４００」を登場させたところ大ヒット。それまで日本車が手出しできなかった高級車のレッドカーペットの世界にあっという間に上りつめたレクサスは、類まれなるサクセスストーリーとして紹介されることが多い。トヨタ自身が折に触れてそう宣伝してきたし、マスメディアもレクサスに賞讃の嵐を送ってきた。

図1／プレミアムセグメントの主要モデル（ボディサイズは目安）

	B セグメント	C セグメント	D セグメント	E セグメント
レクサス		CT	IS、HS	ES、GS
メルセデス・ベンツ		A、Bクラス、CLA	Cクラス	Eクラス、CLS
BMW	Miniモデル、i3	1、2 シリーズ	3、4 シリーズ	5シリーズ、6シリーズ グランクーペ
アウディ	A1	A3	A4、A5	A6、A7

	F セグメント	クロスオーバー SUV	ヘビー デューティ SUV	スポーツ&ラグジュアリー クーペ
レクサス	LS	RX、NX	LX、GX	RC
メルセデス・ベンツ	Sクラス	GLA、GLC、GLE、GLS	Gクラス	SLK、SL、AMG GTなど
BMW	7シリーズ	X1、X3、X4、X5、X6		Z4、i8、M4、M6など
アウディ	A8	Q3、Q5、Q7		A5クーペ、TT、R8

2016年は、誕生から27年、日本デビューから11年。次の四半世紀に向かって走り始めたレクサスだが、

「それを変えなければいけない」

と、章男はいう。なぜ、レクサスを変えなければいけないのか？ レクサスは、きらめくようなサクセスストーリーを歩んできたのではなかったのか。

現状ではトップではない

2012年7月、レクサスの北米向けセダンモデル、新型「ES」のラインオフ（生産開始）式が、子会社であるトヨタ自動車九州の生産拠点のひとつ、福岡の宮田工場で行われた。

この工場は昭和末期、当時としては高価な上級乗用車だった「マークⅡ／クレスタ／チェイサー」が売れに売れたのを受けて、トヨタがその三兄弟モデルを専門に生産するための工場として建設されたものの、バブル崩壊で高級車市場が縮小した煽りを喰らった状態になっていた。その宮田工場だが、今日では、レクサスの前輪駆動モデルを生産するプレミアムファクトリーとして再生している。

式典で、社長の章男が挨拶を行った。目前には、精密な組み立てや、ボディに残る少し

のゆがみ、毛ばたきによるキズ、異音をも見逃さない、高い技能を持つ生産ライン従事者たちが集《つど》っていた。

「私は社長就任以来、社内に対して〝もっといいクルマをつくろうよ〟ということを何度も何度も繰り返しいい続けてまいりました。私はクルマが大好きです。その中でも、レクサスには特に強い思いがあります。レクサスは、これまでいろいろなクルマに乗ってきた〝本物〟を知るお客様が、最後に行き着くクルマであってほしい。一度乗ったら他のクルマには買い替えたくない、一生の付き合いになる——と、お客様から思っていただける、そんなブランドにしたいというのが、レクサスに対する私の思いです」

レクサスESは、SUVの「RX」と並び、アメリカで人気を博している前輪駆動のセダン。ラインオフ式で登場した最新モデルは、1989年に登場した初代から数えて第6世代にあたる。全長は約4・9メートルもあり、いかにもアメリカ大陸の風景に似合いそうな伸びやかなプロポーションを持っている。ボディ表面の輝くような光沢は、まさにレクサスの真骨頂ともいえる仕上がりだ。それでいて希望小売価格は同格のライバルよりずっと安く、4万ドルを切る高級車のエントリーモデルである。

アメリカにおけるレクサス販売の屋台骨を背負う存在である新型ESのその仕上がりに、章男は笑顔を見せた。高級車として、素晴らしい存在感を持つエントリーモデルを送り出せることは、素直に喜ぶべきことだったが、章男のメッセージにこめられていたのは、新型車を送り出す感慨ばかりではなかった。そこにあったのは、レクサスへの熱い思いだ。

「本物を知る顧客が最後に行き着くクルマであってほしい――」

簡単明瞭この上ない言葉だが、レクサスはこれから高級車の世界でトップレベルになることを目指すのだと、目前の宮田工場のスタッフにとどまらず、トヨタの世界中の関係者全員に檄《げき》を飛ばす、厳しいものだった。すでにレクサスがクルマづくりやブランド力の点で高級車のトップランナーであれば、こんな言葉にはならないだろう。

レクサスは現状、トップではないと章男ははっきりと認識していた。それを承知のうえで、「レクサスをこのままにはしておかない、いつか必ず最高のブランドになる、それがレクサスの目指す道なのだ」という方針を示したのだった。

クオリティが低くていいのか

章男がトヨタの社長に就任したのは、リーマンショックで世界の自動車業界に激震が走った翌年の2009年6月のことだった。赤字決算の中での厳しい船出において、章男は「もっといいクルマをつくろうよ」を経営の指針のひとつとして掲げた。

いいクルマとはいったい何なのか。

トヨタ自動車関係者は基本的に〝自信家〟である。自分たちは品質管理、生産における創意工夫、またハイブリッドをはじめとするエコ技術でも世界のトップランナーとなっていて、他を寄せつけない。つくるクルマは基本的にいいクルマばかりだから、世界一の自動車メーカーになれた、と。とりわけ生産や研究開発にかかわるスタッフの多くは、表向きはきわめて謙虚であるが、内心では自分たちこそすべてにおいて世界一だと信じて疑っていない。

その雰囲気に思いきり冷水をかけたのは、社長に就任する直前の章男だったと、あるトヨタOBは語る。

「章男さんは、いよいよ自分が表に出なければいけないときがきたと覚悟を決めたとき、開発中のクルマについて、本当にそれでいいクルマといえるのか、総点検を命じたんです。トヨタは世界一といわれているが、そのトヨタがつくるクルマがこんなにもつまらなく、クオリティが低くていいのか、と」

トヨタ車のクオリティが低いとは、どういうことか。2009年から2010年にかけて、たしかにトヨタはリコール問題で大バッシングを受けた。しかし、これは半分本当で、半分は濡《ぬ》れ衣《ぎぬ》である。大きな教訓を残しつつも、騒ぎが大きかったわりには大きな傷を負うことなく、ふたたび成長路線に復帰した。クオリティの低さとは、製品の信頼度や故障率といった工業的なものではない。また、燃費がいいということでもない。

かつてクルマといえば、世界の自動車メーカーがクルマを構成する技術やクルマをつくる技術などの開発で熾烈《しれつ》な戦いを繰り広げる商品だった。しかし、その様相は今日、技術革新にともなって確実に変わってきている。技術のコモディティ化（一般化）が進み、燃費や安全性などクルマの性能に関するメーカー間の格差は縮小する一方だ。品質や故障についても、トヨタをはじめとする上位メーカーのアドバンテージはかつてほど大きくはない。そもそも、品質、安全、環境については自動車メーカーとして全力で取り組むのが当たり前で、それを金看板としていては、ライバルにキャッチアップされた時点でたちまち優位性を失ってしまう。

クルマづくりは、料理とまったく同じ

社長の章男が指摘し、見直しを指示したのは、乗り心地、手に触れるところの品質感、走りの楽しさを生むチューニング、デザインなど、クルマの〝味わい〟に関することだった。

味づくりは、クルマづくりにおける最後の聖域ともいわれる分野だ。デザインやクルマ

の動きのよし悪《あ》しについては、理屈で割りきれることとそうでないことがある。

料理の世界にたとえると、わかりやすい。同じメニューの基本レシピに合わせてつくっても、レストランによって味や盛りつけがまるで違ってくる。レシピや熱を加える時間がどれだけ的確かといった技術の面だけでなく、味、色、香りがどうあれば素晴らしいかという料理人の感性次第で、味、装いに無数のバリエーションが生まれるのだ。加えてレストランのインテリアの装飾、照明の色や強さの違いまでもが、その料理を違うものに見せる。

実はクルマづくりの世界も、料理のそれとまったく同じである。同じ素材、部品、コストでつくっても、つくり手のさじ加減でクルマの乗り味が大きく違ってくる。クルマに乗り込んだとき、何か高揚感を覚える、同じように加速しているのに他のクルマより楽しい、クルマが自分のために頑張って走ってくれているような気がする、クルマから降りたときにまた乗りたいと感じる、等々。エンジンパワーの絶対値やカーブを曲がれるスピードの限界値、あるいは燃費など、数字で表されるものではなく、きわめて抽象的なものだ。料理でいえば、栄養素がどのくらい含まれているかではなく、食べた人が美味しく感じるかどうかを左右する、微妙な味のバランスだ。

味もある程度までは理屈で説明がつくが、モノづくりを深掘りしていけばいくほど正体がわからなくなっていく。また、何をもってよいとするか個々人によって感覚が異なるため、クルマづくりの現場ではいちばん苦労する部分であり、開発が少しでも難航したときはすぐに切り捨てられてしまう。だが、うまい不味《まず》いは実体は見えなくとも、確実に存在する。

いいクルマづくりは、低価格車であれ高級車であれ、すべてで行われなければいけないが、その中でも高級車は経済力にゆとりがあり、本物を理解する教養や感性を持ち合わせている顧客を相手にするビジネス。そういう顧客を惹きつける高級車ブランドに、レクサスはまだなれていない。また、人々をうならせるような歴史もまだつくれていない。レクサスを、人々を魅了するブランドにしたい、また、それを通じていいクルマづくりについて高い見識を持つメーカーにトヨタを育てていきたいというのが、まさに章男の夢だ。

社長がチーフブランディングオフィサーに

社長就任前からレクサスに強い関心を寄せてきた章男は、社長就任後、レクサス改革にことのほか情熱を注いだ。トヨタブランドのクルマについては世界を代表するハイブリッドカー「プリウス」の第3世代モデルや、スバルブランドで知られる富士重工業と共同開発した軽量スポーツカー「86《ハチロク》」の発表会には顔を見せたものの、その他は副社長以下にプレゼンテーションを任せていた。しかし、レクサスについてはこまめに顔を出し、自らセールストークを披露した。必要があれば、時間を割いてアメリカにも足を延ばした。

プレゼンテーションだけではない。章男は社長業の一方でクルマの研究開発の現場に足を運び、価格の高い高級ブランドのクルマづくりについて、たびたび自分自身の意見を述べた。さらに、ESのラインオフを控えた2012年春には、数ある事業のひとつという位置づけであったレクサスを社内で独立したポジションに変えた。

2013年4月、レクサス事業部はレクサスインターナショナルという名称に変わり、部門責任者の肩書もグローバルを意識して〝プレジデント〟に置き換えられた。さらに、章男自らチーフブランディングオフィサー、すなわちブランドづくりの責任者となった。レクサスを何とか高級ブランドとして世界に冠たるものにしたいという一心で、矢継ぎ早に策を打っていった。

レクサスの世界販売は65万台強

実をいえばレクサスは、日本で持たれている成功イメージとは逆に、世界全体でみれば苦しい立場に置かれている。2015年におけるレクサスの世界販売は約65・2万台。これは、高級車ブランドが属するプレミアムセグメントというカテゴリーの中では決して多くはない。圧倒的なプレゼンスを発揮しているのは、ドイツ御三家（ジャーマンスリー）と呼ばれているメルセデス・ベンツ、BMW、アウディだが、それらのブランドはレクサスの3倍、もしくはそれ以上の販売台数を記録している。さらに、ここ数年、その差は拡大傾向にある（図2）。50万〜60万台クラスでレクサスと肩を並べているのは、イギリスのジャガー・ランドローバーやスウェーデンのボルボ・カーズなどの少量生産メーカーだ。

もちろんクルマは販売台数だけではその価値を測ることはできない。少ない台数でも、世間一般から憧れのまなざしで見られ、オーナーがそれをひそかに誇らしく思うような少量ブランドは存在する。しかしながら、レクサスはそういうブランドではない。多数のモデルをそろえ、常に販売台数の拡大を狙ってきた、マスプロダクションの枠組みの中にいるブランドだ。そのレクサスにとって、年間数十万台というレベルの販売台数では、まだその価値が認められていないも同然なのだ。ちなみに2015年におけるレクサスの国内販売台数は約4・8万台である（図3）。

では、レクサスは根本的に失敗だったのかと問われれば、それもまた違う。前述のように、レクサスは過去、世界の高級車の世界で劇的な勝ち点も挙げてきた。

図2／ジャーマンスリー&レクサス　全世界販売台数（2015年）[万台]

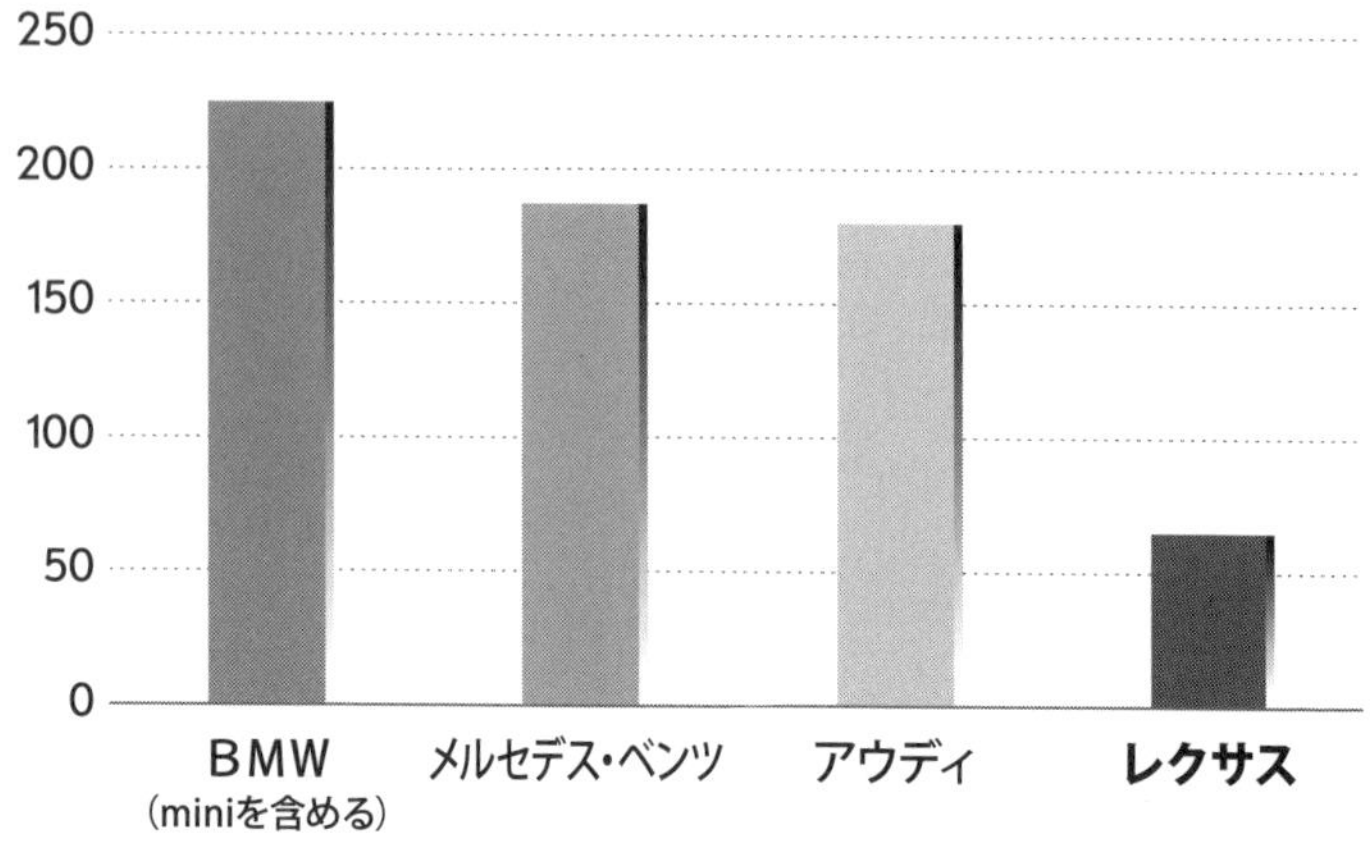

図3／レクサス国内販売実績（暦年）

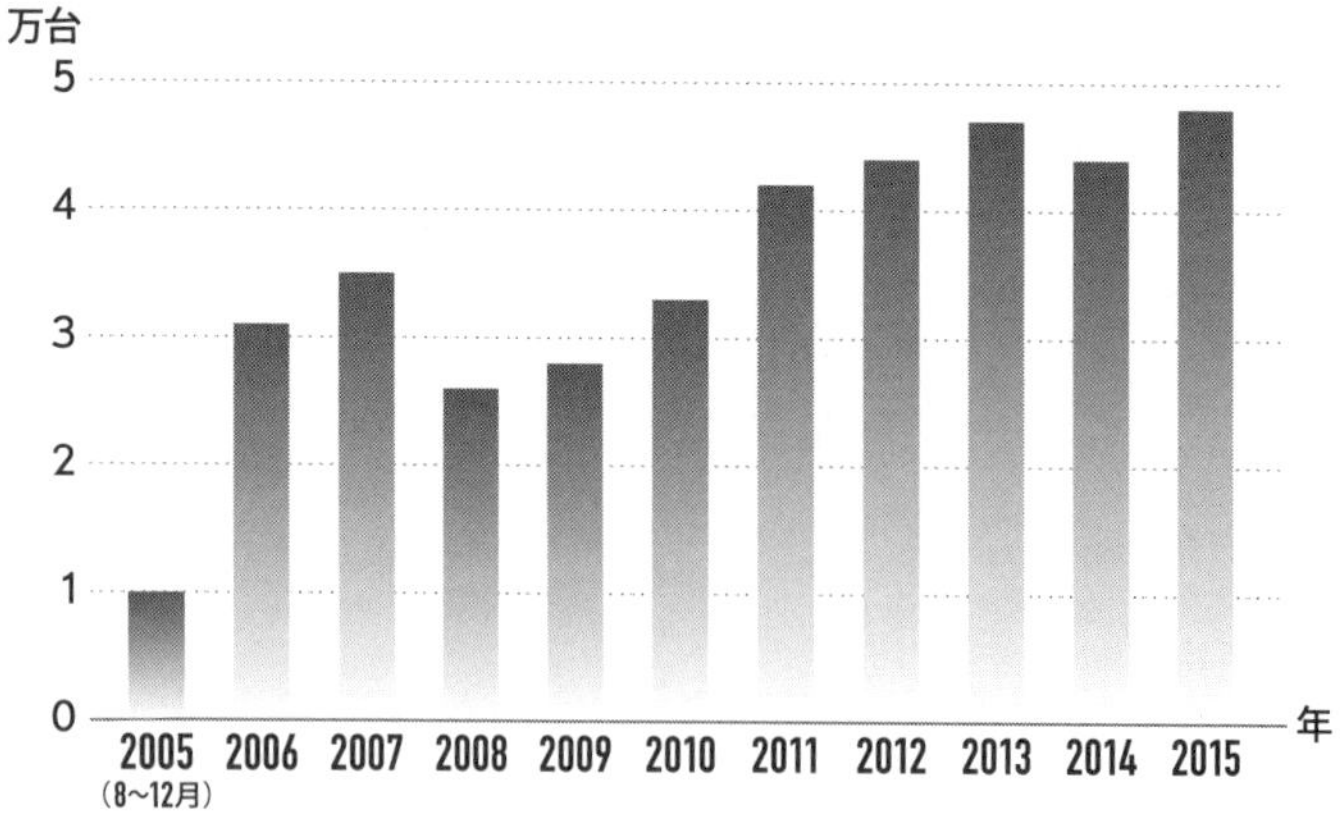

プレステージセグメントとはなにか

1989年にレクサス第1号として登場したLS400は単にアメリカでヒット商品となっただけでなく、世界の高級車のつくり方を変えるきっかけにもなった。

高級車とひと口にいっても、その種類はさまざまだ。富裕層向けのスポーツカーでは1億円をゆうに超えるものもあれば、200万円台でも高級と呼ばれるものもある。その区分の仕方も千差万別だが、わかりやすいのは「プレステージセグメント」と「プレミアムセグメント」に分類する方法だ。

プレステージセグメントとは、いわゆる超高級車の世界だ。プレステージカー専業ブランドを挙げると、イギリスのロールスロイス、ベントレー、イタリアのマセラティといったところになる。一部のスーパースポーツカーもこのカテゴリーに入る。イタリアのフェラーリ、ランボルギーニ、フランスのブガッティ、イギリスのアストンマーティン、マクラーレンなどが該当する。

これらのブランドのモデルは、一応決まった形はあるのだが、ボディカラーから内装のつくり、装備に至るまで、顧客からの要望があれば、手づくりで事細かに応えることも当たり前に行われる、まさに「一品モノ」に近い世界だ。2015年11月、ロールスロイスが安全装備であるエアバッグに不具合があったとしてアメリカでリコールを行ったが、対象車はなんと1台ということで、ちょっとしたニュースになった。これもプレステージクラスならではの話といえる。また、これらのクルマに比べると価格は安いが、英国からロイヤルワラント(王室御用達)のお墨付きを与えられたレンジローバーなどもここに含めていいだろう。

プレステージセグメントのボトムエンドには、一部、後述するプレミアムセグメントのトップモデルが食い込んでいる。

メルセデス・ベンツの最上位モデル「Sクラス」「マイバッハ　Sクラス」、BMW「7シリーズ」、レクサス「LS」などがそれにあたる。

プレステージセグメントにはこのほか、改造型の高級車や、文字どおりの〝一品モノ〟も存在する。アメリカでは、一般的な高級車をベースとしてボディをかなり長く伸ばしたストレッチ・リムジンというモデルが多数走っている。

超高級なものになるとエアサスペンションや室内騒音消去装置などを装備しており、走っていてもほとんど無振動、無騒音の世界で、クルマに乗っていることを忘れてしまいそうになるほどだ。

日本と世界のプレミアムセグメント

日本メーカーも国内のみではあるが、実はこのクラスを手がけている。プリンス自動車が開発を手がけ、プリンスを吸収合併した日産自動車が7台を生産した皇室向けリムジン「プリンスロイヤル」、そのプリンスロイヤルが老朽化したことにともない、日産に代わってトヨタが製造した新御料車「センチュリーロイヤル」などがそうだ。

一方のプレミアムセグメントは、いわば量産型の高級車である。普通のクルマと大きく変わることはないが、サラリーの高い職業についている人や、一般的な富裕層が買うクルマだ。世界のプレミアムセグメントで圧倒的な市場支配力を持っているのはドイツのメルセデス・ベンツ、BMW、アウディの3ブランド。ほか、ドイツのスポーツカーメーカーのポルシェ、イギリスのジャガー、スウェーデンのボルボ、イタリアのアルファロメオ、アメリカのキャデラック、リンカーン、電気自動車のテスラ、そして日本のレクサス、日産系のインフィニティ、ホンダ系のアキュラもここに含まれる。

LS400の登場以前、プレミアムセグメント以上のクルマはどれも、コストを必要なぶんだけかけていくというコスト積み増し方式でつくられていた。つくるのに少々お金がかかっても、十分に元を取り返せるくらいの値段で売れたからである。メルセデス・ベンツなど、最も小さいモデルであっても、使われているボルト1本に至るまで専用設計で、主要なボルトの頭にはメルセデス・ベンツの象徴であるスリーポインテッドスターのマークが刻印されていたほどだった。

ところがＬＳ４００が登場したことで、高級車のうちプレミアムセグメントのつくり方は急速に変わっていった。ＬＳ４００は静かで乗り心地がよく、品質に優れる高級車を日本が生み出したということで世間を驚かせたが、もうひとつ大きな特徴があった。それは同格のライバルに比べて価格が安いという、バリュー・フォー・マネーだった。

ＬＳ４００は革命的なモデルだった

ＬＳ４００のボディは全長約5メートル、全幅1・82メートルと、当時アメリカでも人気が高かったメルセデス・ベンツ「Ｓクラス」やＢＭＷ「7シリーズ」などのフルサイズ高級車と互角。また、エクステリア、インテリアとも余計な飾りをなるべくつけず、本質的に必要なものは何かについて熟考を重ねてつくり上げた、先進的な仕立てを持っていた。それでいて、価格はメルセデス・ベンツやＢＭＷのフルサイズよりひとつ下のクラスと同等。性能、仕立てのよさ、先進性、バリュー・フォー・マネーの4つの強力な武器をもってレクサスに攻め込まれた既存の高級車ブランドはひとたまりもなかった。

このLS400の登場によって、高級車は小さいクラスから大きいクラスまで高くても買ってくれる、言い換えればクルマづくりにかかったぶんの代金を顧客が払ってくれるという時代は、一気に過去のものとなった。手工芸のようなクルマづくりはプレステージクラスだけとなり、プレミアムセグメントはコスト積み増し方式から、大衆車と同様に、最初にコストの総枠を決めて開発を行うコスト上限方式に変わっていった。LS400はクルマ単体のよし悪しだけでなく、コンセプト自体が革命的なモデルだったのである。

1998年には、床が高いSUV（スポーツユーティリティビークル＝オフロード車）でありながらスタイリングは乗用車的という「RX」がアメリカで熱狂的に受け入れられた。今日、そのようなクルマはSUVと乗用車の中間という意味合いの、クロスオーバーSUVと呼ばれるようになり、高級車ブランドから大衆車ブランド、はてはポルシェのような高級スポーツカービルダーまで、実に多くのメーカーが熱心につくっている。クロスオーバーSUVはデザインコンセプトや乗り味が素晴らしければ、ブランド力によらず高級車として認められやすいという特性があることが、時が経つにつれて明らかになっていったからだった。そのブームの火付け役となったのが、まさしくレクサスだったのだ。

〝ガラパゴス市場〟アメリカで勝つためには

このようにレクサスは、世界のクルマづくりに大きな影響を与えた実績をいくつも持つことは確かだった。それに加えて、トヨタが得意とする、エンジンと電気モーターを併用することでエネルギーを効率的に利用できるハイブリッドシステムを幅広くラインナップするなど、技術イメージも高めてきた。

にもかかわらず、前述のようにレクサスの世界販売は思ったようには伸びなかった。生誕の地であるアメリカでは順調に販売台数を伸ばしてきたが、それ以外のメジャーな市場では存在感を高めることができなかったのだ。世界販売台数約65・2万台のうち、アメリカ市場での台数約36・8万台が占める割合は実に56パーセント（２０１５年実績）。今日、レクサスは65カ国で販売されているが、事実上アメリカンブランドという立ち位置からほとんど抜け出せていない（図４）。

アメリカは年間約１７００万台もの新車が売れる巨大市場。自動車メーカーにとって、そのアメリカで成功することは政治家が大票田を確保するようなもので、とても魅惑的に感じられることだ。しかし、綺麗なバラに棘《とげ》があるように、アメリカ市場にも落とし穴が

図4／レクサス（全世界の売上高比率）

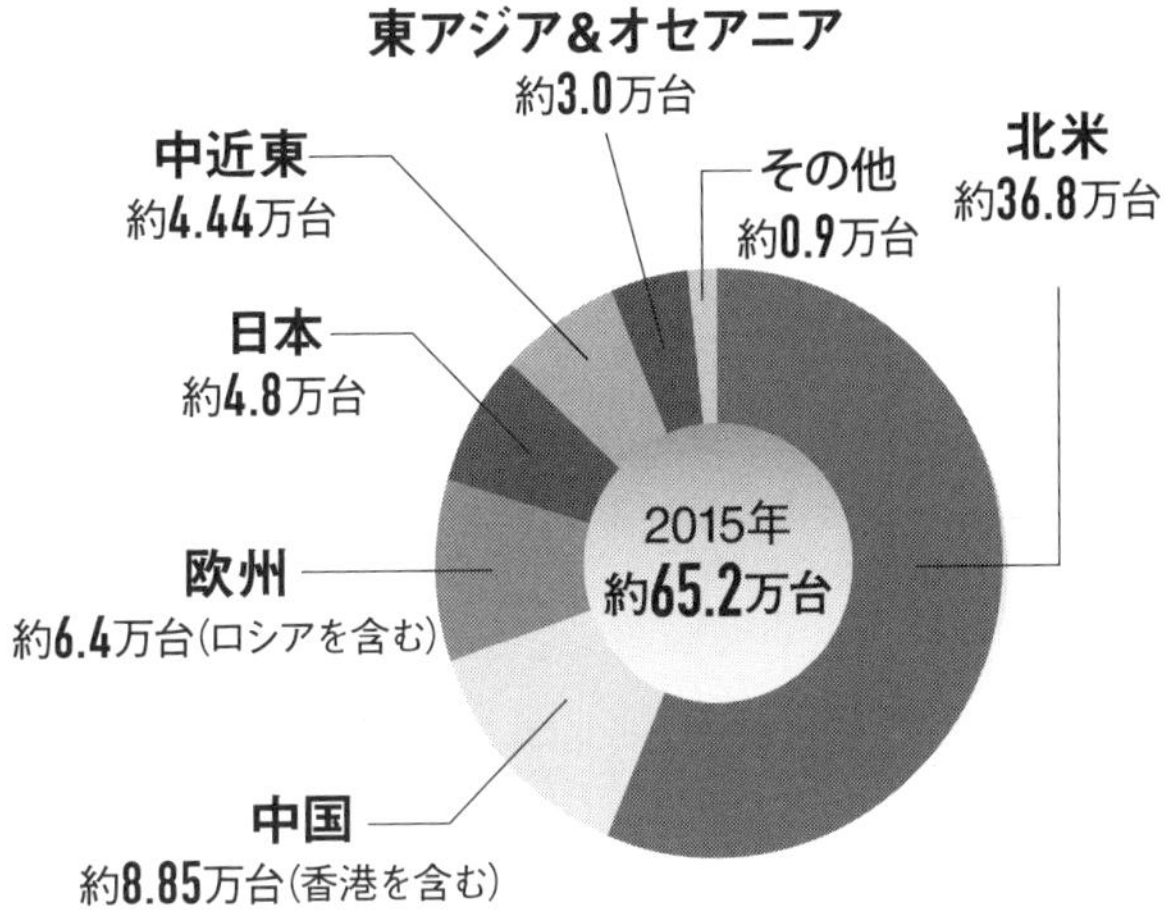

ある。アメリカ市場を主眼とした商品は、得てして他の市場では不人気になりやすいのだ。

アメリカの高級車ブランドを考えてみるとわかりやすい。アメリカはヘンリー・フォードが1913年にベルトコンベアを使った流れ作業でクルマを安く、大量に生産する方法を考案して以来、長年にわたって世界の自動車業界をリードしてきた国である。ドイツのカール・ベンツとゴットリープ・ダイムラーがクルマの生みの親なら、フォードは育ての親といわれるほどだ。

鉱山王、石油王、金融王などの富豪を多数生んだ国である。当然高級車の需要も古くから世界一高く、それに応えるブランドが次々に生まれた。キャデラック、リンカーン、パッカード、デューセンバーグ、ピアレス等々、多数のアメリカ国産メーカーが、1900年代初頭という自動車黎明期のものであることが信じられないほどに大型、豪華で優雅なサルーンカーの産出を競っていた。

そのうち、現代までアメリカ生まれの高級車ブランドとして存在し、生き残っているのはキャデラックとリンカーンだけである。その2ブランドにしてもビジネス先はほとんどがアメリカ国内。アメリカ以外では中国でキャデラックが若干買われているくらいで、あとは先進国、新興国、発展途上国を問わずほとんど売れていない。アメリカ市場はある意味、日本よりも〝ガラパゴス〟で、世界的な広がりがない。ただ、市場規模があまりにも巨大であるために、そのことが目立たないだけなのだ。

世界的な高級ブランドにできるか

トヨタは2005年に日本国内でレクサスブランドを展開する前から、レクサス車をトヨタブランドで売っていた。アメリカ車ではなく、欧州の高級車をターゲットにした「セルシオ（LS400）」と、お国柄で好みがあまり分かれないSUVの「ハリアー（RX）」

はよく売れたが、それ以外のモデルの売れ行きはかんばしくなかった。

1980年代、トヨタは繊細で優雅なスタイリングの高級2ドアクーペ「ソアラ」で一世を風靡《ふうび》したことがある。とくにバブル期と重なった2代目は中心価格帯300万円台、上位グレードにオプションをつけると500万円を超えるという、当時の国産車としては飛び抜けて価格の高いクルマであったにもかかわらず、爆発的に売れた。ところが1991年、アメリカの顧客の好みを色濃く反映させたレクサス「SC」を3代目ソアラとして日本に導入したが、人気とはならなかった。2代目までが築いたブランドイメージは崩壊し、すっかり不人気モデルとなってしまった。

ソアラだけではない。アメリカでは高級車ブランドとしては安く買えるということで高い人気を博していた4ドアセダンのESを「カムリプロミネント」「ウィンダム」という名をつけて日本で売り出してみたが、アメリカよりはるかにお買い得な価格で売ったにもかかわらず、盛り上がりに欠けた。逆に、日本や欧州を主眼に開発した後輪駆動のコンパクトスポーツセダン「IS」は、今度はアメリカで受け入れられずという有り様だった。アメリカと他の先進国市場では、クルマに求められるものがまったく異なるのだ。

トヨタも、この状況をよしとしていたわけではない。このままではレクサスが世界的な広がりを持てず、伸び悩むであろうことは、早い段階から見抜いていた。2005年、トヨタはレクサスを日本デビューさせたが、これは単に日本にアメリカの高級車を持ってきたわけではない。日本デビューとある程度タイミングを合わせ、クルマのデザインや走りのテイストをヨーロッパのプレミアムセグメント風にガラリと変えてきた。

「アメリカ主体のブランドから、世界的な高級車ブランドにするのが狙い」

と、レクサスのデビュー当時、ある役員は語っていた。

トヨタは新世代レクサスのクルマづくりに自信満々だったが、フタを開けてみるとこの作戦は成功しなかった。第2世代レクサスは、イメージチェンジはしたものの、有体《ありてい》にいえば、欧州の高級車の後追いにすぎなかった。〝レクサスでなければ〟と顧客に思わせるような、クルマづくりの特徴が見られなかったのである。

レクサスの生き残り方

日本では当初の目標を年間5万台とし、それをすぐさまクリアして高級車市場でのイニシアチブを取る皮算用を立てていたが、思惑とは裏腹に、売れ行きは低迷した。ブランド展開から10年を迎えた2015年、今度こそ年間5万台を達成するという意気込みを見せた。同年の夏に10周年を迎えたときには、7月までのセールススコアがよかったこともあって、目標達成について、いささかの自信ものぞかせたが、終わってみれば4万8000台。またしても、第1目標クリアはお預けとなってしまった。

日本以上に状況がよくないのは、プレミアムセグメントの一大根拠地である欧州である。レクサス展開のタイミングは日本より早かったが、年間1400万台前後という巨大市場であるにもかかわらず、レクサスの販売台数は日本より少ないという有り様である。

EU以外では一部、成功例もある。たとえばロシアでは、レクサスはいちはやく根強い人気を獲得した。もっともそれはレクサスならではの価値が認められたというよりは、酷寒の地でもトラブルを起こしにくいという、トヨタのクルマづくりに対する信頼感を下敷きにした成功であった。

それまで〝安かろう、よかろう〟で売ってきた日本車メーカーのトヨタがアメリカで年間30万台以上を売る堂々たる高級車ブランドを成立させたという成功と、アメリカ以外の地域でプレゼンスを上げられなかったという失敗。この二面性を持つブランドであるレクサスが、次の25年をどう生きるか。その道は3つある。第1は、このままアメリカ主体のブランドとして生き、他の市場についてはほどほどでよしとする生き方。第2は、世界各地の顧客のニーズにきめ細かく合わせたクルマをつくるという生き方。第3は、レクサスのアイデンティティを確立して世界に認めさせる生き方。

最も手堅いのは第1の道だ。アメリカではすでにブランドが相当に浸透しているため、レクサスが何か前向きな仕掛けをすれば、少し上等なクルマが欲しいという顧客の多くが振り向いてくれる立場にある。世界的な広がりはあまり期待できないが、それでもロシアや韓国など、ポジティブに評価してもらえるところもある。地道にやれば、それなりの成果を挙げることはそう難しい話ではない。

2番目は元来、トヨタが最も得意とする手法で、トヨタが世界販売首位になる原動力ともなった。しかし、市場によってつくるクルマを変えるのは、販売台数の多い安いモデルであれば可能だが、台数の少ないプレミアムセグメントでは開発の面でもクルマの生産の面でもコストがかかりすぎて非現実的である。

3番目は、これができればいちばん理想的だが、幾多の困難がともなうという道だ。アメリカも含め世界の顧客が、自分の好みやライフスタイルに合うクルマだからレクサスを買うのではなく、レクサスというブランドが提示する哲学やセンスに共感し購入したいと思うような顧客のファッションになる存在になることができれば、世界の名品の仲間入りである。世界の自動車メーカーはどこであれ、本心ではそういうふうになりたいと思っているが、哲学やセンスが評価されるに足りないものに終われば、世界的なブランドになるどころか、せっかくうまくいっているアメリカでも評判を落としかねない。

もし、章男が雇われ社長であったなら、在任中の自分の功績にキズをつけるのを恐れて、安全策である1番目の道を選択したかもしれない。物事は、同じことでもモノのいい方によって白にでも黒にでも見せることができる。アメリカでのレクサス販売の実績を伸ばすことができれば、そのファクトをもって、自分の経営手腕の素晴らしさだと強弁することは十分に可能なのだ。

だが、章男はトヨタの創業家の直系の血筋で、トヨタの経営はまさに〝家業〟である。自分を優秀なように見せかけたり、カッコをつけたりすることには何の意味も見出していない。トヨタが本当によくなることにこそ興味を持つ。ゆえに、幾多の困難が待ち受けている半面、うまくいけばトヨタの価値を上げていくのに必ずや貢献するであろうという3番目の道を、何の迷いもなく選んだのである。

公正無私である重要さ

老舗企業の研究で知られる横澤利昌・元亜細亜大学教授は、企業の変革の必要性と、その際に大事なファクターについて、次のように語る。

「老舗企業を研究しているとわかるのですが、企業は同じことばかりを行っていると必ず衰退するときが来る。時代遅れにならないよう、刻々と変化していくことが大事。継続的に繁栄してきた企業は一見変わっていないようにみえても、中身を見ると必ずといっていいほどしなやかに生きてきている。それは簡単なことではありません。企業経営者が自分の保身や名声を第一に考えてしまい、企業にとってではなく、自分にとって都合のいい策を打ってしまうというケースが実に多いんですね。そこで生きるのが、自分と企業は一心同体だという家業意識。企業と自分の利害が一致すれば、保身など気にせず、進むべき道をニュートラルな目でみることができる。そういう家業意識を持つためには、企業が築いてきた歴史や伝統に心から敬意を払う空気を維持するか、さもなくば創業家一族が経営を行うかです。もちろんすべての判断が正しいということはありえませんが、公正無私であることは、物事をみる目を曇らせない。それが生きる道の見極めに重要なんです」

生きる道を見極めるとき、人間はあるべき方向ではなく、自分の得意とするものに頼りたくなるものだ。自動車産業にかぎらず、日本の製造業は伝統的に技術開発、それも先端分野を得意としてきた。その得意分野にしがみつき、自分が勝っている分野がいちばん発展するはずという都合のいいシナリオをつくって行動し、その結果、戦略の破綻を招いた例がどれほど多かったことか。デジタル家電、太陽光発電や原子力発電などのエネルギー、ＩＴなど、枚挙にいとまがない。

自動車も同じである。日本の自動車産業は、少なくとも技術開発に関しては世界に冠たる実力を持っているが、市場戦略面では価格帯の高いクラスになるほど存在感を示せなくなるという状況は、ここ30年のあいだほとんど変わっていないというのが実情だ。

レクサスの母体であるトヨタでさえ、レクサスを除くといちばんのお得意様であるアメリカにおいても、ミドルクラスまでのメーカーと思われている。ノンプレミアムのコンパクトクラスでは「カローラ」、ミドルクラスでは「カムリ」が、アメリカの地元メーカーを含むあらゆるメーカーのモデルを抑えてカテゴリートップの座を確保している。だが、その上のノンプレミアム大型モデル「アバロン」は、ゼネラルモーターズのシボレー「インパラ」やフィアット・クライスラーのダッジ「チャージャー」の2強から大きく引き離されてしまっている。欧州ではコンパクトカーが主体のメーカーというポジションで、しかもカテゴリーでトップクラスに絡めるモデルもほとんどない。トヨタですら、この状況である。他メーカーは、推して知るべしだ。

クルマの価値をどこに置くべきか

日本では、日本車こそ世界で最強と信じるむきが多い。たしかに品質では世界トップクラスで、コストダウンの実力もすごい。自動車メーカーで働く従業員の多くが自分の人生の中で仕事を第一に考え、勤勉に、真剣に取り組むという日本人の几帳面さのたまものといえる。だが、品質や燃費といった要素が商品力の決定打となるのは、大衆車クラスの実用的なモデルにおける話だ。クラスが上がるにつれ、顧客は走りの楽しさや刺激性、乗り心地のよさ、デザインセンスなど、プラスアルファの価値を重視するようになる。バリュー・フォー・マネーから一歩踏み出す世界になると、日本車の評価は決して高くない。

企業の業績の面だけを考えるのであれば、低価格車が主体であること自体は問題ではない。もともと、大衆商品は薄利多売が基本だ。理屈のうえでは原価にたっぷりとマージンを乗せた製品に比べるとハンデがあるように思えるが、現実には安いものでも原価をきっちり管理して計画台数を売りさばくことができれば、十分儲かる。

トヨタはここ数年、史上最高益を連続で更新しているが、これはトヨタブランドのクルマが稼ぎ出しているもので、価格が高く、いかにもマージンが大きそうなレクサスのほうが「まだトヨタにおんぶ」（レクサス関係者）という状態なのだ。

バブル崩壊後、日本メーカーは苦境を乗り切るため、余分なクルマを切り捨て、得意分野である安いクルマづくりに全力を投じてきた。しかしながら、企業経営はソロバン勘定だけでは測れない。チープなモノづくりで当座の暮らしは安泰という考え方が自動車業界に浸透し、日本で面白みのあるクルマが出てこなくなったことが招いたのは〝日本人のクルマ離れ〟だった。

〝若者のクルマ離れ〟という言葉が生まれたのは、もうずいぶん前のことだ。日本国内のクルマの販売台数は1990年に777万台を記録した後は減少を続け、今日では500万台程度。しかも、そのうち3割以上が軽自動車だ。自動車業界では、若者がクルマを買わないから市場縮小が止まらないのだという神話が長い間信じられてきたが、今日の国内市場の状況の悪さは、若者がクルマへの興味を持たないということだけでは、もはや到底説明がつかないほどだ。

自動車メーカーの社長との対話イベント

2012年秋、東京・お台場でクルマの祭典「お台場学園祭」が行われた。これは当時、自動車メーカーの業界団体である日本自動車工業会（自工会）の会長を務めていた章男の発案によるもの。日本における最大の自動車イベントは東京モーターショーだが、モーターショーは2年に1度の開催。モーターショーがない年もクルマに触れられるようなイベントを開き、継続的にクルマの魅力を発信すべきと考えたのだ。メインターゲットは、クルマ離れといわれて久しい若年層だった。

トヨタのみならず、自動車メーカーはどこも国内市場の縮小に危機感を持っている。そこで自動車メーカーの社長が集まり、学生を中心とする若者100人と直接対話をするというイベントを、そのお台場学園祭で行ったのだ。

クルマ関連の催事にわざわざ出かけていく若者たちのこと、さすがにみんなクルマに関心があるのかと思いきや、「クルマが好きだという人」という呼びかけに対して手を挙げたのは30人ほどだった。彼らの多くはクルマが好きだから来ているのではなく、安定した大企業が多い自動車業界に興味があるだけだったのである。

狼狽を隠せない司会者は質問を変えて、

「ではあなた方の親御さんでクルマが好きという人」

と聞いた。

大学生の親といえば、40代から50代。クルマに親しみを覚えているとされる世代だが、結果は無残だった。前の質問と手を挙げた人は異なるものの、やはり30人少々にすぎなかったのだ。「親とドライブに行ったことがある人は」という質問になると、さらに数が減った。

日本で自動車産業が本格的に立ち上がったのは、第二次大戦後。先進国のなかでは最後発だが、1960年代以降の高度経済成長、1980年代のバブル経済と、生活がどんどん豊かになるなかで、消費者はクルマを競って買い求めていった。1990年の777万台というスコアはまさに、そのクルマブームが最高潮だったことの証しである。

高級車やスポーツカー、オフロードSUVなどの高額車も売れに売れた。トヨタ「クラウン」「マークⅡ」、日産「シーマ」「スカイラインGT-R」、ホンダ「NSX」、マツダ「サバンナRX-7」、三菱自動車「パジェロ」等々。雑誌や新聞でも毎号のようにクルマの話題が飛び出し、若者向けの雑誌でもしばしばレースの話題がトップグラビアを飾った。

「集まった100人の若者の親はそんな、日本中が自動車ブームに沸いた昭和末期を駆け抜けた世代であるはず。その親世代がクルマに興味を持っていないなんて……」

そのイベントを後ろで見ていた業界関係者は、こう漏らした。

〝日本人のクルマ離れ〟の空気が蔓延しつつある

もはや、単なる若者のクルマ離れではない。〝日本人のクルマ離れ〟といっても過言ではないという空気が蔓延しつつあるというのが、日本市場の現状なのだ。

「シニア層の人たちが若者をクルマに乗せて、クルマを楽しんでいる姿を見せれば、若者がクルマの運転に興味を持つきっかけになると思う」

別のイベントで章男は、クルマに関してこのように異世代同士がコミュニケーションを取ることで、クルマの楽しさは受け継がれるはずだと語った。

これは、まさに正論である。日本の自動車市場がクルマブームに乗って華々しく成長した時代の黄金律だ。親が子に、ドライブの楽しさを味わわせただけではない。バブル時代は裕福な家の子女ばかりでなく、所得の低い大学生すらも必死になってクルマを買い求めるのは珍しいことではなかった。必死にアルバイトをし、食べるものも切り詰めて買った格安の中古車で、同級生や下級生と連れ立ってドライブをする。それを楽しいと感じた人は、その時点で買わずとも、潜在的なユーザーになる。バブル時代といえば〝金余り現象〟で高級車が売れたということが回想されることが多いが、実際には高級車だけでなく大衆車、さらに中古車まで、クルマのファン層が実に分厚く存在していたのだ。

この好循環は今、完全になくなっている。バブル時代にクルマを楽しんでいた中高年層が、もはや下の世代にクルマの楽しさを伝えなくなって久しいという現実を、前述のお台場学園祭の様子は物語っていた。

マスメディアではよく、若者が買えるような価格の楽しいクルマがなくなったからクルマ離れが起きたという説が語られるが、単なる金額の問題ならば、激安で売られている中古車を買うはずだ。だが、その中古車業界でもクルマ離れは着実に進行している。若者のクルマ離れを引き起こしていたのは、実は日本人のクルマ離れだったといえる。

若者の〝自動車業界離れ〟が起こっている

クルマ離れの次にやってきたのは、若者の〝自動車業界離れ〟だった。高度経済成長からバブル期、またそれ以降もしばらくの間、自動車業界は若者の就職先として、トップクラスの人気を誇っていた。自動車メーカーは居ながらにして、豊かな才能とクルマへの情熱を併せ持つ優秀な人材をいくらでも集めることができたのである。日本メーカーが世界に冠たる力をつけたのは、ひとえにこの人材力のおかげであった。

今日、その様相はすっかり様変わりしている。学生や若者が就職、転職先に自動車メーカーを選ばなくなっているのだ。トヨタで先端技術のひとつである新エネルギーの研究を手がける研究者のひとりは、

「理科系の大学院には教授推薦をもらうための求人情報が置いてあるのですが、2000年頃にはすでに、自動車メーカーの求人は相当後になるまで残るようになっていました。トップメーカーであっても同じです」

と語る。

ある大手転職・ヘッドハントエージェンシーは、転職に関する詳細なデータを取って解析している。その関係者も1990年代までは、自動車メーカーが上位1桁の常連であったのに、今日では100位以内に1社、2社という状況だと語っていた。

もちろん自動車業界は安定性が高く、給与も悪くないため、求人をかければ希望者は大勢やってくる。しかし、才能豊かで人生の選択肢がいくらでもあるのに、あえて自動車業界を選ぼうという人はどんどん少なくなっている。クルマに興味がない人が、仕事でクルマづくりを積極的に選ぶわけがないのだ。

驚くことに、自動車メーカーではほとんどの関係者が、つい近年までこの現実に目を向けていなかった。長年、日本のモノづくりのけん引役とちやほやされて、エンドユーザー向け製品の中でも注目度ナンバーワンだったクルマが冷遇される時代がくるなど、想像もしていなかったのだ。

「もちろん販売や人材採用の現場からはそういう報告が上がっていたが、そんなはずはないという思いがその現実を見えなくしていた」（自動車メーカー関係者）のだという。クルマの要素技術の進化のカギを握る部品メーカーは存在が地味なぶん、完成車メーカー以上に苦境に立たされている。

「もっといいクルマをつくろうよ」という章男の言葉は、世界トップメーカーであるトヨタの社内、またトヨタのグループ企業に向けて、「クルマを真ん中に据える経営を行う」というメッセージにほかならない。クルマ好きとして、また日本のモノづくりの担い手として、〝いいクルマ競争〟になればなるほど力を発揮できないままでは、トヨタの未来はないという危機感ともとれる。

そのなかでもプレミアムセグメントというハイレベルな世界の強豪と戦いを繰り広げているレクサスの改革は、クルマづくりの〝リボーン（生まれ変わり）〟にふさわしい存在だ。章男は、自他共に認めるクルマ好きである。トヨタの社員の多くが、「トヨタでいちばんクルマが好きなのは社長」と真顔でいうほどだ。その章男にとって、レクサス再生はクルマ好きの趣味、願望ではない。日本のモノづくりの旗手として、レクサスを世界の名品にするくらいのことができなくて、どうしてトヨタがサステナブルでありえようかという思いの表れなのだ。

自動車メーカーをただの金儲けの道具にはしたくない、将来にわたって夢のあるモノづくりの場であり続けさせたい。レクサスはその橋頭堡として、うってつけの足場である。

第2章

日産、ホンダの「プレミアムブランド」

高級車の世界市場が苦手な日本メーカーだが、これまでもさまざまな挑戦はあった。今日、レクサスのほかに日産のインフィニティ、ホンダのアキュラと、3つのプレミアムブランドが存在している。3社は、それぞれプレミアムブランドを持っている。すべて、プラザ合意で急速に円高が進行した1980年代後半に生まれたものだ。

レクサス以外の日本発プレミアムブランドについてみてみよう。

ホンダのプレミアムブランド「アキュラ」

アキュラは本田宗一郎の肝煎《きもい》りでスタートしたプレミアムブランドで、レクサスより3年早く、1986年にアメリカで登場した。

本田宗一郎が設立したホンダは、かつては電子分野のソニーと並び、戦後最大のベンチャー企業と称されたメーカーである。四輪車では日本勢最後発だったが、まだオートバイ専業メーカーだった1964年に自動車レースの最高峰であったF1に参戦し、2年目で何と初優勝。1972年には当時クリア不可能ともいわれたアメリカ・カリフォルニア州の大気汚染防止法の排出ガス基準を満たすCVCCエンジンという技術を生み出し、排出ガスのクリーン化技術で一時的とはいえ他メーカーをリードするなど、着々と知名度を上げた。

主力車種であった「シビック」はアメリカでも販売台数をたちまち増やしていったが、本田宗一郎はもっと高級なクルマをつくるメーカーにステップアップしたいと考えていた。ホンダは今日、本田宗一郎が提唱した「良品廉価」というコンセプトを金科玉条のように掲げているが、本田宗一郎の本質はそのタテマエとは裏腹に野心家で、それがわかりやすいかたちで表出したのが、アキュラだった。

上級移行を早くから志していたという点はレクサスと共通だったが、レクサスがアメリカの顧客のニーズを徹底的にリサーチし、技術志向でクルマをつくったのに対し、アキュラは基盤技術では世界大手メーカーに劣るぶん、センスでカバーしようとしていた点が独特といえる。もちろん当時のホンダは高級車に関する見識、センスを持ち合わせていたわけではない。そこで、経営危機に陥っていたイギリスの古参自動車メーカー、ローバーとの救済的提携を通じて補うという〝奇策〟に打って出た。そうしてつくられたのが1986年に発売されたアキュラの第1号モデル「レジェンド」だった。

レジェンドは4ドアセダンと2ドアクーペの2つのボディが存在したが、うち2ドアのほうは、日本の高級車の基本サイズとなっていた5ナンバー枠、すなわち全長4・7メートル、全幅1・7メートルというレギュレーションを最初から無視し、アメリカンサイズの3ナンバーサイズを前提に設計、デザインされた。流麗なプロポーションや日英合作の趣味のよいインテリアを持つアメリカの高級車市場の新顔、レジェンドクーペは、相当な好感をもって迎えられた。

アキュラが迫られているブランドマネジメントの再構築

そのまま志を高く持ち続けていれば、〝ホンダ神話〟を背景に持つアキュラはひとかどの存在になれる可能性を秘めたブランドだったが、本田宗一郎の死後、ホンダはアキュラをメルセデス・ベンツやBMWのような高級車の〝本丸〟と正面対決させるのではなく、スポーティ路線のブランドにしていった。頂点はオールアルミボディのスポーツカー「NSX」であったが、主力は普通のセダンやクーペにホンダが得意とする小排気量・高出力エンジンを載せたモデルだ。ノンプレミアムのモデルと中身は大きく変わらないため、価格はプレミアムセグメントとしては安く設定された。

当初、この路線は当たり、ファンを集めることに成功したのだが、自動車工学が発達し、他のメーカーが強力なエンジンを次々に市販車に載せるようになるにつれ、アキュラは個性を主張できなくなり、次第に戦いは苦しくなった。

今日のラインナップでフラッグシップを張るのは2013年に登場したラージサイズプレミアムの「RLX（日本名：レジェンド）」だが、BMW「5シリーズ」、メルセデス・ベンツ「Eクラス」などの強力なライバルに太刀打ちできず、月間販売台数は200台を挟んだレベルで推移している。最もよく売れているのは日本では売られていない大型SUVの「MDX」。続いて中型SUVの「RDX」と中型セダンの「TLX」である。

リーマンショック前、ホンダはレクサスへのライバル心を燃やして、このアキュラブランドを日本に導入しようとしたことがある。だが、アキュラは、どういうクルマをつくるか、どういう営業戦略を取るかといった方針を決めるヘッドクォーター機能がアメリカに置かれる、徹頭徹尾、アメリカのためのブランドだった。つくられるクルマのテイストがあまりにアメリカ寄りであるため、日本でアキュラを成功させるためのシナリオが描けず、計画は二転三転。リーマンショックの到来で導入は白紙となったが、社内では「白紙になってよかった。なぜこんな無謀な計画がまかりとおっていたのか」と安堵する声が方々から聞こえてくる有り様だった。

アキュラの世界販売は20万台レベル（2015年）だが、その大半はアメリカで売られており、世界的な広がりはない。中国ではブランドを展開しているが不振が続き、日本や欧州などの先進国ではブランド展開そのものを実現できていない。ホンダ首脳は近年、アキュラの再チャレンジについてたびたび言及している。2016年にはフラッグシップスポーツである「NSX」が復活するが、アメリカではアキュラブランド、日本や欧州ではホンダブランドで売られるなど、アキュラを補強する存在というわけでもない。アキュラは今、ブランドマネジメントの再構築を迫られている。

技術の日産が目指す「プレミアムセグメント」

石原俊社長時代に構想が打ち出され、レクサスと同年の1989年にアメリカで展開を始めた日産のプレミアムブランドのインフィニティ。

日産はアメリカで高級車を成功させるためには、単に高性能であるだけでは不十分で、日本産ならではの独自性を持たせることが重要だと考えていた。当時、日本の自動車業界には「営業のトヨタ、技術の日産」という言葉があった。トヨタは営業力が強いために日本でトップシェアを得ているが、技術では日産のほうが上回っているという意味だった。

これは必ずしも事実というわけではなかったが、日産がクルマづくりについて、トヨタとは違う独自の高い見識を持っていることは明らかであった。その〝技術の日産〟のプライドにかけ、1966年に日産に吸収合併されたプリンス自動車の技術者が中心となって、持てる技術のすべてを注ぎ込んだのが、第1号モデルである「インフィニティQ45」だ。レクサスの第1号車、LS400が端正なデザイン、圧倒的な静粛性と柔らかな乗り心地、緻密な仕立てといった、高級車つくりの文法を忠実になぞったクルマであったのに対し、Q45は既存の高級車のイメージとはまるで異なる仕立てのクルマだった。

筆者は20年ほど前、日産系の有力販売会社、群馬日産販売の社長車として運用されていたQ45に乗せてもらったことがある。フロントマスクにはグリルがなく、ツルリとした鼻先に1000年以上の歴史を持つ日本の伝統工芸品、七宝焼きのエンブレムがつけられていた。漆黒の下地と唐草模様の装飾からなるそのエンブレムは、まさに和の世界そのものだった。

だが、残念なことに、そんな精妙なエンブレムをクルマにつけたところで、巨大なボディの存在感に圧されてさっぱり目に入らない。車内には、これまた文字どおり漆黒の生地に蒔絵《まきえ》が配された漆《うるし》の化粧板が使われていた。それ単体ではきわめて美々しいものだったが、それがQ45に似合うかといわれると、首をかしげざるをえなかった。

意気込みはすさまじかったが独善的でかつアイデア倒れのQ45は、はたしてアメリカ市場で大敗北を喫した。日本では日産インフィニティQ45という名で売られたが、ここでもレクサスLS400のトヨタ（日本）版、セルシオに完敗という状況であった。この初動の躓《つまず》きの影響は甚大で、日産が経営危機に陥いるにつれて、インフィニティ専用車の開発もままならなくなり、日産の高級車を少し手直しして売るという有り様だった。もちろん、そんなクルマはユーザーに受け入れられない。

インフィニティが野心を抱く新興国市場

ルノー傘下入りした後、インフィニティは少しだけ息を吹き返した。カルロス・ゴーン社長は日本向けの高級車づくりを放棄し、海外需要を主眼としたモデルをつくり、日本ではそれを日産ブランドで売るようにした。かつてトヨタ・クラウンの最大のライバルであった「セドリック／グロリア」の名前を消し、「フーガ」という名前でインフィニティモデルを売った。「スカイライン」もそうである。インフィニティ全体におけるアメリカでの年間販売台数は約13万台で、レクサスのそれにおける3分の1強にすぎないが、それでも1990年代に比べれば存在感は増している。人気モデルは、日本でスカイラインとして売られているスポーツセダン「Q50」である。

今日、インフィニティが野心を抱いているのは、中国をはじめとする新興国市場だ。2012年、日産はインフィニティ部門のヘッドクォーター機能をアメリカから香港に移転させた。2014年秋には、日本の3プレミアムブランドの中でいち早く中国生産を開始した。

一方で、アメリカ以外の先進国市場でのビジネスは依然として困難な状況にある。日本では高級車「スカイライン」「フーガ」がインフィニティモデルで、インフィニティのエンブレムをつけたまま販売されている。アキュラと異なり、欧州でも一応販売されている。台数はラインナップを維持する意味が見出せないほど少ないが、2015年のフランクフルトモーターショーでは、新たなプレミアムコンパクトモデル「Q30」を披露している。カルロス・ゴーン社長はグローバル展開を諦めていないが、多くの市場でまだブランドが顧客に認知される前の段階にとどまっており、当面難しい対応を迫られそうだ。

本物を知る顧客が最後に行き着くクルマづくり

この3つの日本発プレミアムブランドの中で、日本に主な組織を置いているのは、レクサスだけである。アメリカへの依存度が高い現状を考えると、アメリカの顧客の好みをまったく無視するわけにはいかないが、レクサスが目指すのは、あくまでグローバルに向けた日本発のブランド。ゆえに、組織のヘッドクォーターは日本に置いているのだ。レクサスは今やトヨタのモノづくりにとどまらず、日本プレミアムブランドの〝最後の砦〟というべき存在といえる。しかしながら、レクサスは本当に章男が夢見る「本物を知るお客様が最後に行き着くクルマづくり」ができるようになるのだろうか。

技術に優れた日本の自動車メーカーが軒並み苦戦しているのを見てもわかるように、クルマのビジネスの中で高級車分野はとりわけ難しい分野である。何をもって高級車というかと問われると、いちばん多く返ってくる答えは「値段が高いクルマ」だ。自動車業界人ですらそう答える人が多く、実際、過去のレクサス幹部の中にも「輸入車のブランドイメージが高いのは、値段が高いからだ。安く売れば、彼らのブランドイメージは崩壊する」という人物がいたほどだ。

高級車がなぜ高級車でいられるのか

それが事実なら、高級車づくりは簡単だろう。値上げをすればいいのである。レクサスは今日、アメリカで成功を収めているのだが、成功の重要なカギとなっているのは仕立てのわりにはお買い得、すなわちバリュー・フォー・マネーである。今日、レクサスの最量販モデルとなっているＲＸは、同じクラスのＢＭＷのクロスオーバーＳＵＶ「Ｘ５」と比べておよそ1万ドル（1ドル＝120円換算で120万円）も値づけが安い。プレミアムラージクラスのベストセラーESも、前輪駆動プレミアムラージのライバル、アウディ「A6」と比べて約8000ドル（同96万円）安だ。試しに価格をライバルとそろえて売ってみれば、結果はおのずと明らかになるだろう。

高級車がなぜ高級車でいられるのか、プレミアムブランド、プレステージブランドがなぜその立場でいられるのか。その本質について100パーセント、明快に説明するマーケティング理論はいまだ存在しない。高級、上質の感じ方や、ブランドへの忠誠心は人や文化圏によってさまざまで、決まったものは存在しないのだから当たり前である。だが、ひとつだけいえるのは、クルマそのものの本質でよさや楽しさを訴求できなければ、他で何をやっても価値を上げるのは望み薄だということだ。

希望小売価格600万円の、ちょっと高級な乗用車があったとする。高級時計メーカーの老舗、ドイツのランゲ・ウント・ゼーネの特注時計を400万円でつくってもらい、そのクルマにつければ、そのクルマに顧客は1000万円の価値があると考えるだろうか。まず100パーセント無理であろう。

クルマ自体の光を感じさせるものにしなければ、プレミアムセグメントの頂点に立つことなどかなわないのだ。

最大の課題は、何を行うのかという自我の表現

トヨタは創業以来、トヨタなりに常にいいクルマづくりを目指してきた。品質のつくり込み、基礎技術の研究、要素技術の開発などに情熱を注ぎ、目指すは「最高」であった。そのうえ、愛知県のお家芸ともいえる、顧客の期待をちょっぴり超える〝おまけ〟の魅力が何らかのかたちで製品に仕込まれている。トヨタ人気の秘密のひとつだ。

そのトヨタがさらに高級なレクサスを、トヨタでなくレクサスだと認識してもらえるようにつくるにはどうすればいいのか。母体のトヨタも最高品質を目指してきただけに、非常に難しいところだ。もともとトヨタが極めようとしていた品質や高級感など、ハードウェア的なよさを追求しているかぎり、トヨタから離れて独立した価値を持つことはできない。レクサスは高価格帯であるぶんコスト制限も緩く、そのぶんいろいろなことができる。だが、何をやるかというアイデアが既存のトヨタ的なものに立脚しているかぎり、トヨタとレクサスのブランドを分ける意味がないのだ。

「歴代レクサスのモデルで、本当の意味で不可能を可能にするチャレンジをしたのは初代LSだけだった。あとは自分が手がけたモデルも含め、全部高級なトヨタ車といっても過

言ではない」

レクサス伝説を打ち立てた初代ＬＳのデザインを手がけた人物で、現在は名古屋造形大学の客員教授を務めている内田邦博はこう断じる。今、レクサスがかかえる最大の課題は、何を行うことができるのかではなく、何を行うのかという自我の表現なのだ。

トヨタにとって、大きな弱点の克服に本気で乗り出すこと

トヨタはこれまで、顧客のニーズや社会の要請に的確に応えることで成長を果たしてきた企業だ。クルマにこうあってほしいという顧客の思いを徹底的なリサーチによって数値化し、それを限界まで満たすような商品企画を立て、それを実現させる。性能面でも、ハイブリッドシステムをはじめとする技術開発によって非常に高い燃費目標をクリアする、室内の騒音を何デシベル以下にする等々、数値化が可能な項目については、きわめてクルマづくりができるノウハウを身につけている。

しかしながら、モノのよさというものはとても複雑で、世の中には第1章で書いた料理のたとえよろしく、数値化できないよさというものがある。センスの問題もある。その領域になると、トヨタは総体的には決して強いとはいえない。これはトヨタの技術力やクル

マの味つけ能力の問題ではなく、全社的にそういうことにあまり興味関心を払っていなかったからだろう。レクサスを変えるということは、トヨタにとって唯一の、しかし大きな弱点の克服に本気で乗り出すということだ。

大きな問題は、それを断行することができる人材がいるのかということだった。これまでもレクサスは、なにもクルマづくりを怠けていたわけではない。上から下まで、皆がいいと思うことを一所懸命行ってきた。その結果、現状があるのだ。そのレクサスを変えるということは、これまでトヨタがやってこなかったこと、タブーとしてきたことも必要であれば取り組むこと。よくも悪くもトヨタ哲学が全社をくまなく〝モノカラー〟に染め上げている中、そんな〝無頼〟を仕切れる人材はいるのか。

クルマのデザインをカッコよくしてくれ

社長の章男がその人選で白羽の矢を立てたのは、福市得雄《ふくいちとくお》という男だった。福市は1974年にトヨタに入社後、クルマの外観や内装をつくり上げるデザイナーとして活躍してきた人物である。代表作は1990年にデビューしたミニバン、初代「プレビア（日本名：エスティマ）」。ミニバンといえば箱型のボディと相場が決まっていた時代、

福市得雄 レクサスプレジデント。2015年10月に開催された「東京モーターショー」にて。

一筆書きのようなカプセル状の未来的フォルムを持つプレビアの登場は衝撃的で、世界中のミニバンデザインに影響を与えた名作だった。

また、世界ラリー選手権に出場するためのスポーツモデル「セリカGT FOUR」でも、欧州勢にもひけをとらない強い存在感を示すデザインを披露した。バブル経済で国内の自動車市場が大幅に伸び、また世界でも日本車メーカーが躍進するなか、伸び伸びと革新的なクルマづくりに挑むことが許された、まさに古きよき時代を駆け抜けた自動車人であった。

フランス・ニースを根拠地とするトヨタの欧州デザインスタジオED2のトップを務めた後、2008年、福市は56歳でトヨタを出た。グループ会社のひとつでトヨタ車の一部の車種の開発・製造を手がける関東自動車（現・トヨタ自動車東日本）の執行役員に就任。そこで自動車人としての余生を過ごすはずだった。だが、章男は2011年、〝もっといいクルマづくり〟をさらに加速させるために必要な人材として、福市を常務役員としてトヨタに呼び戻した。託した任務はただひとつ、「トヨタのクルマのデザインをカッコよくしてくれ」ということ。そして、トヨタ車のデザインすべてを管掌するデザイン責任者に据えたのだった。

以来、福市はトヨタのデザイン改革に取り組んできた。トヨタの研究開発におけるデザイン部門の発言力は、伝統的に弱い。それではいけないと思い、デザイナーの思いをできるだけ実際につくるクルマに反映できるよう、意思決定のやり方の改革を提案し、社内の反発を押し切ってそれを認めさせた。それまでのトヨタの因習を覆すこともいとわず、いいデザインづくりのために奔走したのだった。

レクサスを世界に通用する高級ブランドに育てること

章男からレクサスインターナショナルのプレジデント、すなわち総責任者への就任を打診されたのはそれから3年、トヨタとレクサスの双方で改革の成果が徐々に出始めてきたときのことだった。

「僕をなぜレクサスのプレジデントに」

章男に呼ばれ、レクサスを変えてほしいといわれたとき、福市は一瞬、いぶかったという。だが、福市はそれまでのレクサスの仕事を通じて、よく意思疎通を図っていた。

デザインを変えてほしいといわれ、福市はレクサスのデザインテイストを、均整は取れているが欧州車の二番煎じのようなそれまでのものから一転、なにかに似ているといわれないような独自性のあるものに一気に刷新した。それは、単にクルマのデザインのためではなく、レクサスというブランドをデザインしなければダメだという思いからだった。ブランドづくりをやらなければ、レクサスはいつまでたっても飛び立てないという思いは、章男とまったく同じだった。

福市はその意図を確かめるべく、問い返した。

「私がしたいようにさせていただいていいんですか？　それなら……」

返事は「ＯＫ」だった。

このときから、福市はデザイン責任者という立場ではなく、レクサスの総責任者として、レクサスの改革に挑むことになった。

「レクサスを世界に通用する高級ブランドに育てること。それが章男さんの思いなのだろうと僕は感じていた。レクサスは生まれてからまだ四半世紀、日本に入ってきてから10年という若いブランド。世界を見ると、それよりはるかに長い歴史を持つブランドがたくさん存在している。その中に交じってレクサスを輝きを放つ存在にしていくのは並大抵のことではない。だが、歴史がないということは、反対にいえば守るものがないということでもある。デザインだけでなくクルマのつくりからブランディングまであらゆる部分を変えて、本物を目指していく。長い長い年月がかかるであろうチャレンジに、踏み出さなければいけません」

販売台数は追わなくていい

章男は福市に、「販売台数は追わなくていい」と付け加えたという。もちろん、クルマは売れるに越したことはないし、あまりに売れ行きが悪ければ、それ自体がブランドイメージを毀損《きそん》してしまうことにもなりかねない。だが、販売台数というハードルを最初に設けていると、新しいことにトライすることが難しくなる。失敗が許されないとなると、人間は往々にして過去の成功の方程式に沿ったことしかできなくなるからだ。

成功をなぞることは悪いことではないようにも思えるが、成功は実はモノのよさの本質ではない。たまたまそのときの流行や社会の要請に合致しただけというまぐれ当たりも、結果がよければ成功と捉えられてしまう。芯《しん》の通った哲学や、自分がどういうふうに生きたいという理念とはまったく異なるものなのだ。

処世術に長《た》けた人は、同じ結果でも、それをより大きな成功であるようにみせかける術も心得ている。そういうアピール上手が幅を利かせるようになると、組織はもう立派な大企業病である。章男はそういうことが大嫌いな男だ。

一方の福市は、失敗を恐れず、新しいことにチャレンジするにはうってつけの人材だった。経験や能力はもちろんだが、それ以上に適役である背景があった。

福市は、トヨタをいったん出て子会社の役員になった後、大病を患ったのだ。

「食道がんが見つかったんですよ。何か喉にものが引っかかる気がすると思って病院に行ってみたら、すでに相当進行していて、最悪のことも覚悟しておいてくださいといわれたんです」

2014年夏、レクサスの新型クロスオーバーSUV「NX」のラインオフ式を迎える前夜、福市は晩餐の席であっけらかんと語った。

「病院の窓から外を見て、思ったんですよ。ああ、この景色はいったい、何のためにあるんだろう。命って何なんだろう。僕は今まで、何を一所懸命に守ろうとしてきたんだろう、と。自分がいつ死ぬかわからないときは、ちっぽけなものを後生大事なものだと思い込んでいた。しかし、命にはかぎりがある、それも長くないかもしれないと思ったとき、自分の中のなにかが変わった気がした」

いったんは、覚悟したが、治療を行ったところ奇跡的なほどに病状の悪化は治まった。主治医からも「これなら当分大丈夫かもしれない」といわれ、仕事に復帰した。

「子供の頃から、僕は本当についている、ラッキーな人間なんです。病気のことだけではありません。こんないい加減な人間なのに、物事が最後にはうまくいってしまう。小学生の頃から劣等生だったのに、いろいろなチャンスに恵まれ、楽しいことをたくさん経験し、それなりのポジションにいる。重病を抱えても、こうして人生を満喫できている」

これがトヨタだという、他とは明確に違う個性

大病を患っているとは思えないくらい、明るく、率直な人柄。２０１４年、福市はレクサスプレジデントに就任したのと同時に、１年かぎりではあったが、トヨタの取締役にもなった。大企業の経営陣は、自分の健康に関する問題はひたすら隠し通そうとするものだが、福市はそれを、まるでエキサイティングな経験をしたかのように、生き生きと話す。

「だって、長くないと思っていた命があったということ自体、素晴らしいじゃないですか。そういう意味では、僕にはもう守らなければいけないものなど何一つない。トヨタが僕を必要としているというのなら、喜んでやりたいこと、やるべきことをやらせてもらおうと思うし、それが気に入られなくて、もういいよといわれたら消えればいいだけ」

トヨタに戻って常務役員になった福市は、役員会にも出席するようになった。トヨタは序列に厳しい企業風土で、役員会でも新参は控えめにしているのが慣《なら》わしだが、あるトヨタ関係者によれば、福市はその役員会でも遠慮なしに自分の本音を口にしていたという。

そういうキャラクターも、章男が期待を寄せた一因であろうことは容易に想像できる。章男はイエスマンが嫌いで、自分に率直に意見をぶつけてくるのを好むのだ。

福市をトヨタに呼び戻したときも、「トヨタ車をカッコよくしてくれ」というのに対し、「カッコばかりよくてもダメです。これがトヨタだという、他とは明確に違う個性がなければ」と反論した。実際、福市がデザインディレクターに就任してからのトヨタ車のデザインは、方向性がガラリと変わった。5ナンバーミニバンのように決まった寸法ギリギリでつくるため形を変えようがないものは致し方ないが、2015年12月に発売されたハイブリッドカー「プリウス」などは、一見するとぎょっとするようなアクの強いデザインにしている。福市も、本当にいいデザインはシンプルなものだということは知り尽くしている。だが、人間も企業も、急に変わることはできない。意識改革を進めるうえで、アクの強いデザインを実際にやってみることは、通らなければならないプロセス。今は、ちょうどその段階にあるということだ。

しかしながら、プレミアムセグメントであるレクサスのブランド改革は、トヨタ車のそれよりもはるかに困難だ。敵は強く、顧客の見る目もノンプレミアムに比べるとはるかに厳しい。その世界で、レクサスを自立した価値を認めてもらえるようなブランドにするには——。そのハンドリングを任された福市とは、いったいどんな人物なのか。

第3章

「デザイン革命」を指揮する男

「これが好きだ」といってくれるファンをつくる

福市得雄がトヨタのデザイン責任者として、マスメディアの前に姿を現したのは、2012年春。トヨタ本社で行われた、デザインに関する将来ビジョンのプレゼンが行われたときのことだった。すらりとした体形で表情は柔和。前衛アーティストのような、見るからにピリついたような空気感を帯びているわけではない。プレゼンでは、これからトヨタは誰からも嫌われないデザインではなく、「これが好きだ」といってくれるファンをつくるような、独創的なデザインに変えていくといった、トヨタの方針を説明した。

そのプレゼンが終わった後、デザインセンターでトヨタの将来デザインの一部を記者団に公開した。機密セクションゆえ、スタジオ内の撮影は禁止。屋内ではあるが、外界の光を採り入れられるよう透過式の天井を持つそのフロアに置かれているモデルのなかに、1台の4ドアセダンモデルがあった。同年12月に発売が予定されている、トヨタブランドの高級車「クラウン」だった。

クラウンのデザインは、実は難しい。欧州市場におけるカテゴリーでいえば、クラウンは全長がおおむね4・8~5メートルのモデルの集まりである、Eセグメントに相当するクルマだ。

欧州車でEセグメントといえば、メルセデス・ベンツ「Eクラス」、BMW「5シリーズ」などの大型乗用車が名を連ねる。しかも、そのほとんどが高級車、プレミアムセグメントだ。いずれも1・85メートルを超えるたっぷりとした車幅を持ち、その幅が優雅でダイナミックなボディの陰影をかたちづくるのに貢献している。

それに対して、クラウンは車幅がライバルより5センチメートル以上狭い1・8メートルしかない。1・8メートルを超える車幅にしない理由は、

「銀座にある駐車場に余裕を持って入れられるぎりぎりのサイズが1・8メートルだから」

と、トヨタ自動車副社長の加藤光久はいう。

デザインがものになるには、10年かかる

いかにも、古くから社交界で愛されてきたモデルらしい理由だ。そのサイズでEセグメントにふさわしい車内空間の広さを持たせなければならないため、ボディの側面の張り出しは制限され、いかにも「1・8メートルの枠に収めましたよ」という平板な形になってしまう。軽自動車しかり、5ナンバーミニバンしかり、規定の寸法ぎりぎりでつくるクル

マはいずれもそういう宿命を負っている。しかも、新型クラウンは旧世代モデルのボディ骨格を流用してつくられることになっていたため、プロポーションも大きくいじることはできない。

その無難なフォルムと対照的だったのはクルマの顔、フロントフェイスだった。台形を二段重ねにしたような巨大なラジエータグリルは、まるでハロウィンのかぼちゃ、ジャックオランタンが大口を開けたかのような造形。福市がプレゼンで語った、「無難からの脱却」を目指したものであることはひと目で理解できるのだが、車体全体のフォルムが無難なのに顔だけが目立つデザインは、はたしていいのだろうか——と思い、筆者は福市にわざと意地悪な感想を述べてみた。

「顔はものすごく派手なのに、全体は無難のきわみですね」

もちろん、そんなことをいわれて面白く思う人などいるわけがないのは百も承知だ。福市は少々むっとした表情を浮かべ、しばらく会話を交わした後、離れていった。

それからしばらくして、ふたたび福市が声をかけてきた。表情はさっきとまったく違う。

「本当にいいデザインは、いい骨格に宿る。これは、絶対的真理だと思います。たとえていえば、私がオリンピックの陸上競技のアスリートのようなユニフォームを着たとしますよね。私だけがそこにいるなら、アスリート的なイメージで見られるかもしれない。でも、そこに本物のオリンピック選手が近づいてきたら、一発で違うと見抜かれてしまうでしょう。本物は、骨格がまるで違うからなんです。さっき私はデザイン改革についてお話ししましたが、骨格、すなわち車体の基本的な構造設計が変わらなければ、劇的には変わらないのは確かです。でも、できるところから始めなければ、改革はスタートを切ることができない。トヨタのデザインが本当に素晴らしいものになるまでに、私の見立てでは10年かかる。ぜひ、長い目で見守ってくださいよ」

明快で率直な語り口、また自分の行っていることを素晴らしいものなのだと相手に強引にねじ込むこともしない、福市の直球勝負の人となりが伝わってくる気がした。

ただ自分の思うことを素直に話す

その福市が2014年10月、レクサスインターナショナルのプレジデントとして学生の前に立った。日本自動車工業会がクルマ離れ、さらには自動車業界離れの顕著な若者に、クルマそのものやクルマづくりへの関心を持ってもらう機会をつくろうという趣旨で、「大学キャンパス出張授業」というイベントを開催した。自動車メーカーの社長ないし有力人材が大学に出向き、直接学生と話をするというものだ。福市が訪れたのは、東京大学だった。

東京大学は、文理ともに日本におけるトップクラスのエリート養成校で、美術の一分野である工業デザインとはまったく縁遠い学校である。そこで、もっぱらデザイナーとしてキャリアを築いてきた福市が若い学生たちに対して何を語ったか。

自動車業界が不人気になりつつあるとはいえ、トヨタグループは世界の自動車業界で最大の存在で、連結従業員数は34万人以上。福市の語り口は、そのトヨタの中で10人強しかいない取締役を務める人物とは思えぬほど軽妙洒脱。出張授業がスタートした直後は固かった会場の空気は話が進むにつれて和《やわ》らぎ、トヨタおよびレクサスのデザインに関するプレゼンが行われた後のパネルディスカッション、質疑応答のときには、学生とすっかり打ち解けていた。

出張授業のとき、福市はすでに63歳。集まった学生たちの大半は、40歳以上も年下である。それほど年が離れた学生と福市との間には、いうまでもなく大きなジェネレーションギャップがある。だが、福市と学生たちはあっという間に打ち解け、和気藹々《わきあいあい》とした、げにも楽しい質疑応答が延々と続いた。若者とのコミュニケーションの断絶に悩む人にとっては、にわかには信じ難いであろう光景だった。

なぜ福市は、学生との距離をすぐに縮めることができたのか。そこにテクニックはなかった。福市は、ただ自分の思うことを率直に話しただけだ。簡単なことのようだが、これほど自分の本音を飾らず他人にさらけ出すのは、出世や部門間の競り合いなどの権謀術数が渦巻く大企業での処世術に染まりきっている人には、とても難しいことだ。

じかにコミュニケーションを取らないとつまらない

福市は冒頭のトークのとき、自分が若い時代のクルマに対する期待感について語った。

「私の学生時代、クルマにはときめき、ドラマがあった。ファーストキスはクルマの中」

これは、用意しておいた原稿を読み上げたものだ。福市は、原稿を読むのは得意でない。他のイベントも同様なのだが、いうことがあらかじめ決まっていると、棒読みのような語りになってしまうのだ。ところが、本音のアドリブトークが加わる段になると、途端に生き生きとした語り口になる。そのときは一人称が僕になるので、境界はすぐにわかる。

「まず、彼女を誘うとき、クルマのドアを開けて助手席に乗ったら一段階進むわけです。ああ、決して嫌われてはいないな、と。で、次の段階にいくわけですよ。電話番号を……今はメールアドレスが聞けるかどうかですかね。そして最終的にはファーストキス、と。今でいうときめきというのは〝壁ドン〟でしょうかね。でも、壁ドンはリスクがありますよね⁉　いきなり引っぱたかれたらそれで終わりになっちゃう。クルマの助手席に乗ってもらうというのは、相手の気持ちがどのくらいかというのが測れますよね。僕はそこまで自信家じゃないので、壁ドンはできません」

かといって、若者に合わせて取り入ろうというようなそぶりもまったくない。

司会者から「最近は助手席に乗ってもらうのではなく、ＬＩＮＥでメッセージを送って１往復やり取りが成立するとワンチャンスあるかもな、ということらしいですよ」と振られたときは、首をかしげて「う～ん」と少しだけ考え、

「でも、じかにコミュニケーションを取らないと、ＬＩＮＥでなんてつまんないなあ」

と、笑いながらいいきった。ただし、

「ＬＩＮＥで女の子に声をかけるのは間違っている」「クルマのほうがいい」とは絶対にいわない。相手に自論をねじ込むのではなく、素直に自分をぶつけるだけだから、相手もその違いに興味を抱く。まさに、福市の人となりのなせるワザといえよう。

事故を起こさないひとつの答えが遊園地にある〝バンパーカー〟

クルマについての夢も語った。クルマは手動変速からオートマチックが主流になり、最

近ではさまざまな運転支援システムも普及、さらには自動運転技術まで取り沙汰されるようになった。

「昔、クルマが楽しかったのは、運転にゲーム性があったからだと思う。巷で話題になっている自動運転の方向に単純に向かっていっていいんでしょうか。自分で運転することは面白く、楽しいものです。思いっきりスピードを出して走るのも快感です。でも、安全であってほしい、事故は絶対に起こしてはならない……この課題に対して私はひとつの答えを持っています。それは遊園地にある〝バンパーカー〟。小さいときを思い出すんですが、バンパーカーに乗って、ボーンボーンとぶつかりながら走って、本当に楽しかった。でも、これは安全なんですよね。思いっきり走れてスリルを楽しみ、運転を誤ったら即座に安全バンパーが相手や乗員を保護してくれる、そんな夢のバンパーカーを、センサー技術を駆使してつくってみたい。皆さんの知恵、大胆な発想で、この実現の手助けをしていただきたいと思うわけです」

クルマの運転については、世界各国の道路交通法によって厳しく規制されていることはいうまでもない。交通事故など、もってのほかだ。さらに昨今は、環境やエネルギー問題でもクルマはしばしば悪者扱いされる。自動車メーカー関係者の多くは、口ではクルマが楽しいものだといいながら、二言目には安全だ、エコだと、社会的なタテマエのことを振りかざすのだが、それが潜在的にクルマのネガティブキャンペーンになっていることに気づいていないことも多い。

福市も、クルマがいろいろな商品の中でも、とりわけ厳しい社会的責任を課せられている商品だということは百も承知だ。自動運転や運転支援システムの重要性も深く認識している。そうはいうものの、そういうタガをはずして純粋にクルマの何が楽しいのかということを考え、それらを包み隠さず本音で話したのだ。

スリリングな運転で速く走れたときの楽しみ、一所懸命プロセスを踏んで好きな彼女ができたときの喜びなど、人間としての欲求をベースとした話は、社会の調和のためには個人は自分の欲求を我慢すべきだという同調圧力的な道徳論が支配的ななかで育った今日の学生たちには、新鮮だった。

「子供みたいだと思われるかもしれませんが」と前置きしながら出したバンパーカーのアイデアは、その最たるものだった。人間がどれだけドライビングでスリルを味わっても、安全が担保されるようなクルマなら、そのクルマの楽しさを我慢する必要がなくなる。社会の要請に合わせてクルマをつくるのではなく、個人の願望をかなえるクルマを社会で受け入れ可能なものに適合させる。そのためには今よりも格段に高度な技術が必要だから、若い人たちに力を貸してほしい、と学生たちに呼びかけたのだった。

リアルはバーチャルよりも絶対に楽しい

もうひとつ、福市が学生にしきりに訴えたのは、ぜひ思いきった冒険をやって、大いに失敗してほしいということだった。リアル（現実）はバーチャル（仮想）より絶対に楽しい、と。デザイナーである福市は、理系ではないが、リアルの素晴らしさを実感し、それを学生に伝えようとする熱意は、工学、理学などを専攻する学生の共鳴を呼んだ。

学生の一人が、「理系の勉強は、最初にちゃんと理論があって、それに基づいて研究や実験をしていくんですが、デザインも何か普遍的な理論があるのか、それとも福市さんが経験から得られた自分の理論をもとにデザインするのか」と質問した。

それに対して、福市はこう答えた。

「あんまり難しい理論はないんですが、たとえばイケメン、美人がいたとき、思わず見るでしょう。見て感じるのは〝右脳〟なんです。今度はなぜイケメン、なぜ美人なんだろうと、分析をするわけです。目が大きいとか、小顔だとか、足が長いとか……。そういう分析は〝左脳〟で行います。その分析の量が多ければ多いほど、美しいものはどうやってつくれるのかな、どうやれば個性的になるのかなといった方法論が明確になります。でも、分析しきれるというわけでもないんです。醸し出す雰囲気とか、匂いとか、その人の持っている佇まいとか……物事は（視覚だけでなく）五感で感じるものですからね。同じ人でも人生経験を積んで含蓄《がんちく》が出てくると、顔が違って見える。そういうことを分析するのは難しい。右脳と左脳のキャッチボールですよね」

理系教育を受けている人材は、ともすると理を先行させたがるきらいがある。とくに工学系ではその傾向が強い。理論をもとに実験を行い、それで的確な結果を導き出すという教育スタイルが普及しているためだ。ゆえに、デザインに関する質問も、フォーマットを聞くというスタイルになるのは自然な流れだ。

それに対して、福市は「リアルで感じることが大事」と説く。もちろん自分たちのやっていることを体系づけ、様式、手法として確立していくことは大事だ。だが、発想、気づきは街に出て人々の様子を眺める、自然を観察する、人とコミュニケーションを取るといった、現実世界とのつながりでえるものなのだ。

新しい世界を見たいという情熱

モノづくりの世界でも、卓越した人材であればあるほど、理論だけでなく現実世界で物事を見て感動することの重要性を強く説くケースが多い。

現在、資源開発会社である三井海洋開発の常務執行役員を務めている仁保治《にほおさむ》は、三井造船時代に超大型タンカーから深海探査機など、実にさまざまな船を手がけてきた名物設計者だった。

その仁保に日本の造船は今後どう生きていくべきなのか、見解を聞きに行ったことがあるが、そのとき雑談で、スイスの有名な冒険家一族、ピカール親子の話になった。

父のオーギュスト・ピカールは気球で人類史上初めて成層圏を飛行し、後にその気球のノウハウを利用して超深海を航行できるバチスカーフ深海潜水艇を考案した。息子のジャック・ピカールは経済学と歴史学と物理学を学ぶ多才な人物で、父のバチスカーフ開発を手伝い、マリアナ海溝の最深部（深度1万900メートル）であるチャレンジャー海淵に到達した。

そのピカール親子の冒険家精神に、仁保はエンジニアとして感銘を覚えるのだという。

「船づくりもそうなのですが、モノづくりは単にモノをつくるだけでなく、それを使って自分自身で新しい世界を見たいという情熱を持つべきだと思う。ピカール親子はただ、モノをつくっただけではなかった。成層圏に上って宇宙線の観測をしてみたい、地球でいちばん深い海の景色をその目で見てみたいといった冒険心を強烈に持っていたんですね。だから、当時は不可能といわれていた技術の壁を突破するアイデアが次から次へと生まれてきた。技術者は科学者、冒険家たれと思いますね」

リアルの大切さを説くのは、形のあるモノをつくる世界にとどまらない。

アメリカの求人検索サービス大手のＩＮＤＥＥＤ社の技術責任者で、トップクラスのプログラマーとして名を馳せるダグラス・グレイは、コンピュータプログラミングの世界ですら、リアルが大事だという。

「日本の若者プログラマーたちの能力はとても高い。アルゴリズムを組む能力だけを見れば、マサチューセッツ工科大学の学生も力負けするくらい。ただ、注意しなければいけないのは、アルゴリズム、プログラミングというのは、あくまで物事を実現させるための手段でしかないということ。彼らはプログラミングのテーマを与えられると、素晴らしい能力を発揮する。しかし、世の中の何をどう変えたい？　と聞くと、とたんに答えが返ってこなくなる。アイデアのもとは、私たちの生活、人間関係、遊びなど、すなわちリアルワールドの中にある。友達やビジネスパートナーとコーヒーを飲みながら話をしていて、ふと〝そんなところで不便な思いをしているのか〟と気になったら、まさにそれが新しいものを生み出す種《シーズ》になっている」

リアルを見て感じることは、デザイン、研究開発、企業経営といった分野を問わず、人間が創造的な活動を行うにあたって、等しく重要なことだ。福市はデザイナーとしての立場からそれをいったのだが、リアルとバーチャルのバランス感覚を変に取ったりといった小細工なしに話したぶん、普遍性を持つ、しかも現代においては見逃されてしまいがちな話として、理系の学生の心にも届いたのだった。

デザインにはあらゆる手を講じる

「もしクルマの開発がある程度進んでしまってから〝う〜ん、やっぱりこのデザインはないな〟なんて思うことはないんですか」

と別の学生が質問した。

「ありますよ。このデザイン、やはりちょっとまずいか、と。でも、クルマづくりは時間がかかるもので、デザイン決定後は生産準備から何から、全部スケジュールが決まっている。そうなってからデザインを変えるときには、あらゆる手段を講じます。簡単にいうと僕が頭を下げて、もう1回挑戦させてくださいというんですよ。後工程の人たちからは、馬鹿野郎、スケジュールが遅れるじゃないかと叱られる。実際、そういうことになるとものすごく苦労するんです。そういう人たちの前で、申し訳ない、もう1回やらせてください、と。でも、苦労はあっても中途半端なものを出すより、納得がいくものを出したほうが、お客様にも喜んでいただけるし、売るほうも楽。みんなハッピーになれる。だから僕は、クビをかけてでもいうべきだと思ってます」

と福市は答えた。

近年は大学が就職予備校化し、学生時代から就職後を意識した世知辛い処世術に触れる機会が多い。学生たちは飄々《ひょうひょう》としながら信念を通す福市の受け答えに対し、笑いながらも興味深げだった。

60代であるにもかかわらず、若者にジェネレーションギャップや地位のギャップを感じさせない福市のキャラクターは、トヨタの中でも異質だ。

2015年、トヨタはいくつかの新型車を発売した。そのうちの1台、コンパクトながら7人が乗車可能なミニバン「シエンタ」の発表会場には、デザイン部門のスタッフも姿を見せていた。

トレッキングシューズをイメージしたというボディデザインは造形、色彩感覚とも、伝統的なクルマの価値観に照らし合わせれば明らかに異様だが、それまでのクルマにない斬新さという点ではきわめてアップデートに攻め込んだもの。それをつくるにあたり、内外装に若手のデザイナーが多数起用されていた。

改革の成果は確実に出始めている

デザインを含め、クルマの研究開発に携わるスタッフは、機密保持のため、普段は外界から完全に隔離された場所で仕事をしている。そんな彼らにとって、外部の報道関係者が多数詰めかける新車の発表会場はいわば別世界であり、とくに出るのが初めてという若手は、見るからに緊張の面持ちである。女性若手スタッフの一人に、声をかけてみた。

「うわっ、来た〜、どうしよう」

という警戒感がビシビシと伝わってくる。その彼女に、

「このクルマも福市さんが監修していたのですか？」

と聞くや、表情が一気に緩み、にこやかに「ええ、そうなんですよ〜」と答えた。

「福市さんは、普段からよくスタジオに来るのですか？」と尋ねてみた。

「結構、いらっしゃいますね。いつの間にか後ろに立っていて〝何を描いてるの？〟と覗き込んだり。福市さんが来てからいちばん変わったと思うのは、デザイナーがすごくモノをいいやすくなったということですね。本当に面白い人なんですよ」

デザインセクションにおいても、キャラクターは東大での出張授業とあまり変わらない

ようだった。豪腕で相手をねじ伏せるのではなく、部下に組織の中で自分を表現するように仕向けるような空気づくりには、まさに適役といえた。

「僕は小学校、中学校のとき、通知表は体育と図工・美術だけが5で、あとはオール2。トヨタではデザイン一筋40年。しかも、デザイナーとしても特別秀でていたわけでもありません。だから、いつも自分は他人よりできないと思っていましたが、それは逆に強みにもなりました。失敗を繰り返しても、挫折はしませんでした。なぜなら、それでしか生きていけなかったからですよ」

と語る福市だが、2011年1月にトヨタに戻り、トヨタとレクサスのデザイン責任者になって以降、デザイン改革の成果は確実に出始めている。

クルマはどんなにうまくつくったつもりでも、ホームランもあれば空振りもある。よく〝クルマは水商売〟といわれるゆえんだ。

福市がデザイン責任者になって以降、両ブランドのデザインテイストはガラリと変わった。2015年12月に発売されたハイブリッドカー「プリウス」の第4世代モデルをはじめ、クルマが出るたびに賛否両論が巻き起こる。そのなかで確実なのは、空振りが劇的に減り、長打、すなわちヒット商品が大幅に増えたことだ。短期間で長年続いてきたトヨタのテイストを変えるのは、信じられないほどのエネルギーを必要とする作業だ。それを成し遂げられたのは、相手の懐に飛び込むのが得意という福市の人間性によるところが大きかったことは確かだろう。

福市の行動力、デザイン力などの能力や人間性は、どのようにして培われたのだろうか。福市に、幼少時から今日までの半生について聞いてみた。

勉強が嫌いだった

福市は1951年、岡山県岡山市生まれ。1961年、東京に移り住んだが、その頃は、東大での出張授業でカミングアウトしたとおり、成績は下降の一途を辿り、押しも押されもしない〝劣等生〟だったという。

「勉強が嫌いだったんですよね。嫌いだから成績が下がったんじゃなくて、できないから、自然と勉強が嫌いになっていった。僕は3人兄弟の末っ子だったんですが、2人の兄はどちらも成績がよく、それぞれ早稲田大学の文系と理系に進みました。私は兄たちが朝から晩まで勉強しているのを見て、そんなに頑張ってどうするのかと思っていた」

その中で、唯一強い興味を抱いたのが、お絵かきだった。

「小学校低学年のとき、団地の上の階にたまたま絵の先生が住んでいて、お絵かき教室をやっていた。おふくろが、僕をそこに連れていったんです。それで、絵を習い始めたんですが、しばらくして、小さな絵画コンクールに自分の描いた絵を出してみたら、なんと金賞をもらえてしまった。その絵だって、今どきの子供のハイレベルな絵に比べたら全然うまくないですよ。でも、自分の絵が褒められたというだけでものすごく嬉しくなって、絵だけは一所懸命やるようになったんです」

福市は感激屋だ。そのときに描いた題材はブリキでできた消防自動車のおもちゃだったが、その思い出からか、今でも福市は自宅でブリキのクルマをコレクションしている。

福市が美大に行って勉強しようと考えたのは、高校2年のとき。勉強は相変わらず苦手、文科系に行ったら長兄に勝てない。さりとて理科系に行っても次兄に勝てない。さて、どうしたものかと逡巡しているとき、ある雑誌の巻末に載っていた、イラストの通信教育の広告を見て絵で食べていく道があるかもしれないと思ったのが、きっかけだった。

デザインなら食べていける可能性は十分にあるよ

両親に美術大学を目指したいと打ち明けてみた。両親は大反対だった。不出来なぶん、福市をいっそう可愛がっていた父親からも「馬鹿野郎、絵描きなんかで、食えるわけないだろう」とどやされた。

「泣いてまで頼んだのだけどダメ。親父はもう、口もきいてくれなくなった。そこでおふくろが、そんなにいうんだったら一度、高校の美術の先生に相談してみなさいといった。今思えば、おふくろとしては、美術の先生が止めてくれると思ったんでしょう」

ところが、母親の思惑とは裏腹に、美術教師は相談にいってみた福市を歓迎した。いつの時代も、それを専攻しようという生徒が集まる学校でもないかぎり、美術と音楽の教員のところに生徒が進路の相談にやってくるということはまれだ。その生徒が来た！――美術教師は福市を大歓迎し、真剣に相談に乗ってくれたのだ。

「福市君、君は今、2年生だったね。3年になる前の春休みからでいいから、美術の予備校に行きなさい。それで、将来の進路だけど、絵で食べていくのは確かに難しい。しかし、デザインなら食べていける可能性は十分にあるよ、といってくれたんです」

子供の頃から絵だけは好きだったという福市は、1年間、一所懸命に美術を学んだ。東京藝術大学の美術学部を受験したものの失敗してしまった。

しかし、そこにラッキーにもいい話が舞い込む。過激派による校舎のロックアウトなどで混乱していた多摩美術大学が、実技と論文さえよければ学科試験なしで入学を認めてくれるというのだ。

「僕はいつも、自分は本当に運のいい男だと思っていますが、このときがツキはじめでした。武蔵野美術大学も受けたんですが、1次試験が学科で、問題を見た瞬間にダメだと思うくらいで、合否を見るまでもなかったのに、その学科試験がないなんて！　これはもう多摩美に行くことで決まりだ、と」

晴れて多摩美に合格したとき、本人以上に喜んだのは父親だった。ニコニコしながら福市に近づいてきて、「証券会社の同僚の息子が麻布高校から多摩美術大学を2回受験して2回失敗している。なのにお前は1回で受かった」と褒めちぎった。この調子では職場でも相当自慢しているな、単純なものだ——福市はちょっと可笑《おか》しくなった。

デザインですよね。筆記には期待していませんから大丈夫です

福市が自動車メーカーを志望したのは、当時デザインの世界では自動車業界は人気がなく、競争が少なかったからなのだという。

「自動車メーカーの中でいちばん人気だったのは、若者の間で『シビック』が大人気を博していたこともあって、圧倒的にホンダでした。人気ランキングをつければ、1番がホンダ、2番が日産、その次がトヨタという感じです。その自動車メーカーから学校に実習、

今でいうところのインターンの募集が来るんですよ。ホンダには2人募集のところ、4人が希望していたんですが、トヨタ希望者は1人もいなかった。教授が、誰か、トヨタに行きたい人はいないのか？　というくらいだった。当時、トヨタは実習に行くと、1日700円少々ですが、アルバイト代を支給してくれていた。それいいなと思って、競争もないトヨタを希望したんです」

2週間の実習を終えて帰京。学生に不人気とはいえ、トヨタは当時、すでに大企業の仲間入りをしていて、入社はそれなりの難関でもあった。実習に福市を推薦した教授がトヨタの人事に連絡してみたところ、「入社試験を受けてください」との返事があった。面接だけでなく、筆記の試験もあったが、人事担当者からは「デザインですよね。筆記には期待していませんから大丈夫です」といわれた。

結果は、合格。

「僕は本当にツイてるんですよ。入社の選考があったのは1973年5月でしたが、同じ年の11月、あの第1次石油ショックが起きた。石油ショック直前は業容が急速に拡大しているところで、過去いちばんの広き門。同期は12人もいた。石油ショック直後の翌年は一転、5人だけ。入社した頃、ちょうど『ターセル』というコンパクトカーをつくるプロジェクトが進んでいたんですが、そこで先輩デザイナーから『今頃クルマの会社に入ってきたって、もうクルマに未来はないぞ』といわれたりしたものでした」

入社早々、自動車産業が存亡の危機といわれる時代を生きることになった福市。昨今、クルマ離れで日本市場は未曾有の危機といわれている。福市はその事態に直面しても、何の怯《ひる》みもなくクルマの魅力を学生に説いた。過去に何度も、もうダメだといわれる事態を経験しているがゆえに、手を尽くしても絶対にダメということは実は滅多にないということを、肌身感覚で知っているのだ。

入社前に世界を旅してみたい

そのトヨタ入社前、福市は就職を決めたことで心に余裕が出た。そこで福市はある冒険心を抱く。当時、圧倒的な世界の強国であったアメリカをはじめ、世界を旅してみようと考えたのだ。

「今のように情報が氾濫しているわけではないですから、行く先々がもう初めて見るものばかりでしたよ。最初の宿泊場所も決めずに成田から飛行機に乗って、サンフランシスコに着いたら当然日本語は通じない。かといって、英語もほとんど話せない。案内などを必死に読んで、何とかサンフランシスコ市内のホテルを予約しました。貧乏旅行でしたが、アメリカではユースホステルは危ないということは何となく聞いていたので、そこだけはお金をはたいて」

サンフランシスコを皮切りに、西海岸の巨大都市ロサンゼルス、そこから内陸のネバダ州にあるカジノの聖地として知られるラスベガス、さらに州をいくつもまたいでイリノイ州のシカゴを回った。

「グレイハウンドバスという長距離バスネットワークを使って旅をしたのですが、アメリカは本当に広い。いちばん長い区間の旅行時間は41時間でした。砂漠のような大地の中をずーっと直線道路が延びていて、ずーっと同じような景色が見える。そのバス旅で印象的だったのは、グレイハウンドバスの運転手さんが皆から尊敬される存在だったこと。大型免許を持っているのはもちろんですが、昼も夜も事故を起こさず、延々と安全に走り続ける。バスが近づくと、他の大型車の運転手さんが敬意を払って必ず道を譲る」

上司は、初代レクサスLSのデザイナー

トヨタに入社したときには石油ショックで世相がガラリと変わっていたという福市。最初の頃はつまらなくて、2年くらいで辞めようと思ったこともあったという。トヨタでの

デザイン修業は、大変なことが多かった。デザイナーになったんだなという実感が得られたのは「車担」、すなわち1つの車種のデザインを仕切れる立場になったときだった。

最初に車担としてデザインにかかわったのは、1983年に発売されたファミリーセダン「コロナFF」、続いて1984年発売のコロナFFの兄弟車「カリーナ」。

この2モデルで車担デビューを飾った後に手がけたのは、「カリーナED」だった。クラウンやマークⅡのような高級車より小型の前輪駆動の4ドアセダンでありながら、車高は2ドアクーペのように低く、ドアの窓部分に枠のないハードトップという構造を持ったクルマだった。今日、欧州ではメルセデス・ベンツやフォルクスワーゲンがクーペスタイルに近い、室内の広さより見た目の優雅さを重視した4ドアセダンを出して人気を博しているが、カリーナEDのデビューはそれより20年ほど前の1985年。当時としては斬新なコンセプトであった。

「当時、僕の上司は後に初代レクサスLSのデザインを手がけた内田邦博さんでした。本当にいろいろと鍛えられましてね。デザイン検討をどういうところから見ればいいのか、変なところをどうチェックすればいいのかという方法、型紙やクレイモデルのつくり方など、内田さんの技法を全部直伝されました」

カリーナEDの次のモデルは、福市が学生時代に初代が発売され、カッコいいと思ったモデル、セリカの第4世代モデルだった。発売はカリーナEDと同じ1985年。「この頃はめちゃくちゃ忙しかった」と福市は振り返る。

このセリカで、福市はそれまでとは異なる体験をする。原案は別の人物のものだったのだが、デザインのとりまとめを内田から「もうお前、勝手にやっていいよ」と、すべて任された。チーフデザイナーの予行演習である。

それまでの3代のセリカがすべて後輪駆動だったのに対して、4代目は前輪駆動に変更されることになっていた。前輪駆動と後輪駆動では車輪や人が乗るキャビンの位置などが大きく異なるため、普通にカッコいいデザインをしていては、まったく違うクルマになってしまう。

それまでのセリカのデザインを受け継ぎながら、それを前輪駆動のプロポーションで若々しく、スポーティに仕立てるため、福市は工夫を重ねた。フロントウインドウ横のAピラーという支柱の付け根をできるだけ運転席に近づけ、ボンネットをスポーツカーらしく長く見せた。トランク部分はリフトバックと呼ばれる、リアウインドウごと持ち上がるタイプだが、その支柱であるCピラーをガラスで覆い隠す、ヒドゥンピラーという技法を用いた。アンダーボディの上に広い窓があり、そのガラスが屋根を支えているように見える、未来的なフォルムだった。

全体がなだらかな曲面で構成され、直線をほとんど使わないというそのフォルムは流線形ならぬ「流面形」というニックネームが与えられ、そのセリカは若者たちの間で大いに人気を博することになったのだった。

英語が得意ではなかった

多忙きわまりないなか、福市は英語の社内研修も受けた。トヨタの社員で多摩美の先輩から勧められたからだった。忙しいからといって最初は渋ったが、「この先ヒマになることなんかないから」といわれ、やってみることにしたのだ。福市は英語が得意ではなかった。宿題をやるのに夜中の2時までかかるということもしばしばだった。

この研修を受けたのは、カリーナEDやセリカのプロジェクトが始まるのと同時期の1982年のことだった。最初は英語を学ぶ以前の問題といわれるくらい成績が悪かったが、頑張って何とか中くらいのレベルになった。この苦労が後に、トヨタのミニバンの名作と高い評価を受けたミニバン「プレビア（日本名エスティマ）」を生むルートを切り拓くことになる。

トヨタの海外スタジオのなかで最も大規模なのは、アメリカのカリフォルニアにあるC

ALTY。ちょうど福市が学生時代、アメリカを放浪した1973年に設立された。本社からデザイナーをそこに出すという人選が行われたとき、内田が福市を推した。

福市の英語のレベルは十分ではなかったが、「日頃からよく喋《しゃべ》る福市ならアメリカで修業した経験をみんなに伝えることができるだろう」という内田の言葉が決め手になった。

放浪したり、映画を見たりといった経験を通じて、アメリカに強い憧憬を抱いていた福市は、普段から内田にアメリカに行きたいといってはいたが、英語がまったくできなければ、それはかなわないことだったであろう。どうせヒマになることがないのなら、いつ受けても同じと考えて受講した英語研修が、人生の転機といっても過言ではない機会を摑むことに役立った。福市が事あるごとに「僕は運がいい」というゆえんだった。

CALTYに赴任する

CALTYに赴任したのは、ちょうどプレビアの開発プロジェクトが進行中のときだったが、そのプロジェクトは大変な混乱をきたしていた。デザインが決まらないのである。

「すでに先行開発（量産モデルをどういうクルマにするかを決める前の段階）に2回も失敗して、3回目という状態で僕がデザインを担当することになったんです」

福市は最初、ミニバンだったらこんな感じだろうと、アメリカでも一部で発売していたタウンエースという商用車ベースのバンを体裁よく整えたようなデザインを提案したが、開発陣を集めての検討会議では、まったく評価されなかったという。

「自信があっただけに、正直ショックでした。しかし、後で冷静に見返してみると、スタイルがいかにも日本的だったんですよね。一方で、アメリカ人たちが描いていた絵は、丸っこくて何だかぶよぶよした感じ。僕は気持ち悪いと思ったんですが、そっちのほうをアメリカ人は評価するんですよ。ああ、彼らは丸いのが好きなんだな、と思いました」

今のようなコンピュータグラフィックスがなかった時代である。デザイン提案は、今日よりはるかに長い時間がかかる作業だった。原画を描いて、それを写真に撮って、そのスライドを石膏に投影して形にしていく。その写真の現像だけでも1日かかる。

福市はデザインを再提案するため、描き直した原画を撮ったフィルムを現像に出していた。それが戻ってくるまではデッドタイムである。手持ち無沙汰となった福市は、レポート用紙に赤いボールペンで、スポーツカーの絵を描いていた。そのときに突然ひらめいた。

「ミニバンといえば、前のオーバーハング（タイヤから車体の端までの距離）は短く、後ろのオーバーハングは長いというのが普通でした。でも、それって実はトラックのプロポーションなんですよね。トラックって、荷台の下にタイヤがあるでしょう。乗用車のように、フロントオーバーハングをより長く、リアオーバーハングをより短くしてみたらどうだろうと思って、急きょ、落書きに使っていた赤ボールペンで原画を描きました」

原画を撮影してデザイン検討の材料にする時間はなかった。そこで、検討会で福市は「撮影する時間がなかったんですけど、ちょっとこの絵を見てください」と提案してみた。福市の最初の案に見向きもしなかったスタッフたちは皆、「これだこれだ」と口をそろえた。

こうして生まれたのがプレビアだった。1990年3月にアメリカ、5月に日本で発売されるや、その斬新なデザインは各方面から高い評価を受け、他社のミニバンのデザインに絶大な影響を与え、デザイナー福市得雄の名前はアメリカの自動車業界でも一気に知られるところとなった。

「このプレビアで僕は少なくとも10年くらい安泰でした。当時の（豊田章一郎）社長からも表彰していただいた。たったひとつのアイデアが、こんなにも影響を及ぼすことがあるんだなあと、よくよく思いましたよ。そのアイデアも、アメリカに行っていなかったらきっと出なかった。アメリカに行ったときくらい、僕の自由にやらせてもらおうと思っていましたから、パッケージング（エンジン、サスペンション、室内など、クルマの空間配置のこと）もとくに意識せず、アイデア勝負で絵を描けた。モーターショーのコンセプトモデルをつくるくらいの気持ちです。もともとデザインは、ボディの大きさはこうだぞ、スペースはこのくらいだぞと、絵を描くときに必ずといっていいほど横槍《よこやり》が入るものです。日本にいたらその制約で、こういうふうにはデザインできなかったかもしれません」

日本流、トヨタ流ばかりがすべてではない

アメリカでの貴重な経験は、デザインそのものについてだけではなかった。労働時間、仕事のプロセスや意思表示等々、さまざまなことについて日本流、トヨタ流ばかりがすべてではないのだという経験をした。

「日本では真夜中まで仕事をするのが普通でしたが、CALTYでは午後6時にオフィスにいようものなら、何でこんな時間まで残っているんだ？　早く帰れよといわれますね。オフィスを出たら、文字どおり解放されてプライベートな時間になる。これはなかなかよかったですよ。仕事のときも、途中の段階でお互いに意見をいい合ったりはしない。もし途中で何かをいうと、それがうまくいかなかったときに〝あのときに余計なことをいったからこうなったんじゃないか〟と言い訳の材料にされたりします。それよりは、純粋に出来上がったもの、結果で勝負というほうが明快でいいですよ。今、僕はデザイン責任者の

立場にいますが、デザイン部の仕事のやり方をそういうふうに変えました。僕自身もスタッフに途中であれはダメだの、こうあるべきだのといわないようにしている」

福市が赴任していた頃のCALTYは、日本のオペレーションからの独立性が高く、独自のデザインの発信力は高かった。だが、今日ではインターネットの発達などでその独立性が失われている。

「メールや電子会議が発達するのは本当に考えものですね。CALTYを本社から切り離して、サテライトスタジオとして海の向こうに置いたのは、単にアメリカにオフィスを持つためだけでなく、その距離で情報を遮断するという意味も大きかった。本社とまったく関係なく、自分たちで情報を得て、自分たちの思ったことをやってください、ということを徹底させたから、日本ではできないものが出てきていた。それが今では毎日毎日報告ですよ。デザイン責任者になってから、この点についても、『これでは、わざわざカリフォルニアにスタジオを置く意味がない』といいました」

クルマづくりにおいて、社長はいちばん最後のフィルター

東大での出張授業で「デザインしか生きていく道がなかったから、デザイン一筋で40年」

と語っていた福市が章男と接点を持ったのは21世紀に入ってから。アジア向けモデルのプロジェクトがきっかけだった。

経済成長が取り沙汰されているとはいえ、アジア諸国の平均所得はきわめて低い状況が続いている。そのアジア向けのクルマは先進国向けと違い、できるだけ安価で便利なようにつくる必要がある。トヨタはアジア向けモデルとしてＩＭＶ（Innovative International Multi purpose Vehicle= 革新的多目的車）という「ピックアップトラック」「ＳＵＶ」「ＭＰＶ」と、さらに下のクラスのアンダーＩＭＶという「ミニバン」の開発を進めていた。そのうち、ダイハツとの共同開発のかたちを取っていた後者が、デザインを含め難航していた。

当時、アジア向けモデル全般のデザインを担当していた福市は、ダイハツにすべてを任せるのをやめ、トヨタのデザインスタジオにダイハツのデザイナーを呼び、共同でデザインを行うことにした。

「そうしたら急にデザイン業務がうまくいくようになって、クルマがガラッとよくなった。『アバンザ』という名前で売り出されましたが、市場でも予想を超える大反響でした。そのときの担当役員が、章男さんだったんです」

このプロジェクトの後、２００４年、福市はヨーロッパに拠点を置くトヨタのデザインスタジオ、ED2に移り、その責任者となる。国際映画祭で名高いカンヌから少し内陸に入ったソフィア・アンティポリスにあるED2はCALTYと並ぶ大規模スタジオで、主業務はヨーロッパのクルマのデザイントレンドに関する情報収集と市販車、コンセプトカーのデザインだ。そのED2にある日、章男がやってきた。目的のひとつに、アバンザの開発で縁を持った福市と面会することも入っていた。

「そのとき章男さんは2時間ほどED2にいましたが、最初から終わりまで、僕がずっと喋っていました。デザインについて。東大出張授業でも少し話した、感じる右脳と理論の左脳の話をはじめ、デザインに関して知っていること、感じていること、経験したことをもう全部、機関銃のようにです」

このときのことは、章男の記憶によほど強烈に残ったらしい。福市がトヨタを出て、子会社の旧関東自動車に転籍した翌2009年、東京モーターショーでたまたま章男と顔を合わせたとき、章男のほうから握手を求めたという。

何でも自分の目で見て感じることが大事、相手に自分の気持ちを飾らず、しっかりと伝えることが大事、トップは責任を自分が負うのが大事——章男と福市を見ていると、両者が感性、人生哲学、遊び心など、いろいろな部分で共鳴する部分があるのだろうと感じられる。

福市は2011年、その章男からトヨタに戻ってくれといわれた。そのとき、福市はすでに食道がんを患っていたが、デザイナーにとってデザインができることに勝る幸せはないと、当然承諾した。

だが、クルマをカッコよくしてくれという章男に対して最初に発したのは、強烈な直言だった。

「頑張ります。ただ、クルマづくりにおいて、社長はいちばん最後のフィルターだということは忘れないでください。もしクルマのデザインが気に食わなかったら、何でもいってください。これは要《い》らない、やめてくれといっていただければ結構です。何で嫌なのかということをデザイナーたちは一所懸命考えます。ただし、世に出た後は、社長の責任なんですよ」

「バッターボックスに立とう」

福市がそんな話をしたのは、過去の体験によるものだった。

デザインから一時離れていたとき、首脳の一人が「トヨタのクルマって個性がないな」「ダサいね」と福市にいった。福市は心の中で「あなた方にいわれたくはないですよ。あなた方が最終決定者なのに、出たクルマに対してコンサバティブだの古臭いだのといえるのか。出したからにはあなた方の責任だろう」と叫んだと振り返る。

相手に対して自分の考えを率直に出す福市だが、このときは心にとめておく程度だった。東大での出張授業の際にも福市はこのエピソードを語り、「サラリーマンだし、家族もある身だから」とはにかんだが、本当のことはわかる相手にだけ話すというのは〝正解〟だ。わかる素養、感性を持ち合わせていない相手にいっても理解されないからだ。章男は自分の思いを熱烈に語る福市が、少しも不快でなかった。

これは一般的な話だが、規模の大小を問わず、企業というものは、権力争いが常にあらゆるところで渦巻く。また、サラリーマンにとって保身は拭いがたい習性でもある。自分の生活基盤の存続は、生命維持の本能と直結しているのだから、そうなるのが当たり前なのである。そうでないのは、自分はここをクビになってもどこでも生きていけるという自信家や資産家など、我が身の心配を大してしなくてすむ人くらいである。

そんな組織の中で、媚《こ》びへつらいで出世するようなケースが続出すると、収拾がつかなくなる。おもねりが有効とみるや、皆がそれを倣《なら》い始める。それで出世した人物は、自分に似た人間を登用したがるので、部下は余計にそうなる。この連鎖を断ち切ることがとてつもなく難しいゆえに、世の中には大企業病が蔓延してしまうのだ。そういう組織になってしまうと、チャレンジや革新的な発想を大事にしようと呼びかけても、「チャレンジしている」、「革新的」とトップや上司に思ってもらえそうなことは何かという勉強を始める有り様で、変えようがなくなってしまう。

巨大企業であるトヨタも、その連鎖から逃れることは容易ではない。章男は最近、思いきって失敗してもいいから挑戦しようという呼びかけを、「バッターボックスに立とう」という言葉で幾度となく社員に発信している。

しかし、トップがそれを宣言して変わるのであれば、刷新など簡単なことだ。末端の人材は「バッターボックスで三振した自分の評価を決めるのは章男さんではなく上司なんだ。トップの言葉に乗せられてバッターボックスに立って三振し、あっけなく部署を変えられた人があんなにいるじゃないか」と、口ではチャレンジを唱えながら尻込みすることは避けられない。

最近の章男の言葉の端々からは、それをなかなか変えられない経営者としての自分への苛《いら》立《だ》ちが伝わってくる。

イエスマンでも、反骨を装った太鼓持ちでもない、本音で真剣に語り合える気骨と豊かな能力を兼ね備えた少数派の人材は貴重だ。そして、社長である章男は福市をそういう人材だと見ているであろうことは、間違いないところだった。

レクサスにとってのジャーマンスリーとは

レクサスは、トヨタグループの中で5パーセント強を占めるにすぎない小さいディヴィジョンだ。だが、小さい組織であるがゆえに、セクト主義を取り除いてチャレンジする風潮をつくろうというスタッフの気持ちのまとまり、士気の高揚をはかるのは、トヨタ全体を変えるよりはるかにハードルが低い。そして、レクサスが目に見えて劇的な成功を収めたとき、言い換えればプレミアムセグメントの世界で「レクサスが示すクルマづくりや価値観が素晴らしいから、レクサスを選ぶ」と見てもらえる存在になれれば、「ほら、レクサスは三振を恐れずチャレンジして、うまくいったじゃないか」と、トヨタ全体に対する改革のお手本にもなれる可能性がある。

2011年にトヨタに戻り、2012年にはレクサスインターナショナルのバイスプレジデントとしてデザイン改革にあたり、2014年には社長の章男から「レクサスを変えてほしい」との思いを託されてプレジデントに就任した福市。だが、その前途は決して平坦なものではない。思いつきをベースに単発でクルマを変えるだけなら、難しいことではない。当たりもあればはずれもあるだろうが、大きく変化させれば、見たらそのことがわからない顧客などいない。

問題は、レクサスを〝見てもらえるブランド〟にすることだった。それも本物を理解し、愛顧する、プレミアムセグメントのコアな顧客層に対してだ。このことについて、福市はプレジデント就任後の2014年8月、トヨタ自動車九州で行われた新型クロスオーバーSUV、レクサス「NX」のラインオフ式後の会見で、

「レクサスはまだ歴史の浅いブランドで、ジャーマンスリーに対してはチャレンジャーという立場だ。彼らの域にいくのは長い時間がかかる」

と、レクサスブランドの立ち位置の現状について語った。福市は、取材でもいう。

「ジャーマンスリーはすごいですよ。ブランド力もクルマづくりも。ED2にいたとき、ニースとミラノを行き来することが結構あったんです。フランスとイタリアの国境越えの道路は行きと帰りが少し違っていて、帰るときは結構な高速ワインディング。僕がそこを必死になって走っているのを、BMWがカーブの外側からすごい勢いで追い抜いていった。僕が乗っていたのはレクサスではなかったのですが、それでも〝ああ、あれがジャーマンスリーだ〟としみじみ思ったものでした。プレミアムセグメントの本拠地である欧州で、メルセデス・ベンツ、BMW、アウディが普通にある欧州で、あえてレクサスを買ってみようと思ってもらえるクルマづくりなんて、まだまだできていませんよ。できるようにな

る保証だってない。ただひとついえることは、我々はそれに挑戦するということです」

レクサスとは何か——という哲学

これまでレクサス関係者は首脳からスタッフに至るまで、レクサス・アズ・ナンバーワンを標榜していた。「クルマでは我々のほうがもう勝っている。彼らはハイブリッドをつくる力もないし、デザインだってほら、ライトの中にデザインされたラインを入れたりしているのでしょう。それだって、我々が行ったことを彼らが真似た。我々の販売台数が伸びないのは、舶来信仰が悪い」という人物さえいた。

福市は、そういう思い込みとはまったく無縁だった。そもそもプレミアムセグメントは、自分の提示する価値や哲学を純粋に顧客に見てもらう世界だ。そこでいちばん重要なのは、ライバルに勝つことではない。

「服と同じですよ。普通は自分に似合う服をセレクトしますが、本当にうっとりするような服は、人間のほうがそれに似合う体形、似合うライフスタイルに自分を変えたいと思わせるパワーがある」

自分を変えてでも乗りたくなるような、ファッショナブルなブランドにレクサスはなれるのだろうか。また、それを生み出すレクサスインターナショナルが、かりに福市や社長の章男が在任中にチャレンジする気風へ変化することに成功したとしても、後を受け継ぐ人間がその思い、哲学を継承し、レクサスの歴史を刻んでくれるのか。すべてがまだ未知数だ。

それらを実現させるカギとなるのは、レクサスとは何か――という哲学である。

今でもレクサスの哲学のようなものは一応、設定されている。スタッフに聞くと、すぐに精妙の美だの二律背反の克服だのといったマニュアルどおりの答えが返ってくる。だが、ではそれこそがレクサスそのものなんですねと聞き返すと、あれこれと複雑怪奇な説明が始まる。まだ、レクサスとは何か、どのような歴史を歩み、何を目指したいのかという確固たるものを、皆に提示できていないのだ。

レクサスとはどのようにして生まれ、どのようにして歩んできたのか。その源流をみてみよう。

GSF。「F」はハイパフォーマンスモデルを意味する。

第4章

レクサスのつくり手たち

「BORING LEXUS」が意味すること

2016年1月、アメリカ北東部のミシガン州デトロイトで行われた北米モーターショーで、1台のレクサスモデルが登場した。「LC500」である。最高出力475馬力の排気量5リットルV型8気筒エンジンを搭載する大型のラグジュアリー2ドアクーペ。ターゲットとなるであろうライバルはメルセデス・ベンツのスーパーロードスター「SL」、BMWの大型スポーツクーペ「6シリーズ」。

メディア向けのカンファレンス冒頭の映像で「BORING LEXUS」と書かれた。「退屈なレクサス」という意味である。そのBORINGには斜めの消し線が引かれていた。

2015年秋、東京モーターショーで世界初公開された燃料電池車「LF‐FC」が紹介された後、壇上にLC500が自走して登場した。そのとき、報道陣は驚きに包まれた。4年前の2012年にトヨタがここ、デトロイトショーで公開したデザインコンセプト「LF‐LC」とほとんど同じデザインだったのだ。

ややダークながら鮮やかさも併せ持つ赤メタリック塗装の巨大なクーペは、運転席がクルマの中央よりやや後ろ寄りに位置する、きわめてマッシブ（力感の強い）なプロポーションを持っている。ボディ表面は数学の関数で描かれる数理模型のように滑らかで、かつ複雑な曲面で構成されている。

特徴的なのはクルマの顔であるフロントエンドで、2012年以降、レクサスモデルが統一して採用している「スピンドルグリル」と、ヘッドランプからデイライトがバンパー下部まで涙が流れ落ちるようなデザイン。既存のカッコいいという概念からは完全に離れたもので、見る人を一瞬ぎょっとさせるようなアクの強さがある。そんな部分まで、すべてコンセプトカーの提案を再現してみせた。

デザインコンセプトとは「我々は将来、このような方向性のデザインを目指しますよ」と、示すためのものだ。その特徴をわかりやすく示すため、形や色は意図的にオーバーに表現される。

市販されるときは、そのイメージを生かしながらも、常識的な形にデフォルメされるのが通例で、デザインコンセプトをそのまま市販車にするということはまれだ。

ＬＦ‐ＬＣがデザインコンセプトとしては控えめで奇抜なものではなかったからそのまま市販化することが可能だったともいえるが、保守的だといわれていたレクサスが自分の殻を打ち破ろうと、チャレンジに一歩踏み込んできているのは明らかだ。

我々はエモーショナルなブランドになる

壇上に姿を現した章男は、プレゼンテーションでこういった。

「2012年、未来のレクサスとしてコンセプトカー『LF‐LC』を出品したとき、我々はこれをそのまま出すつもりはなかった。しかし、皆さんの声が我々を変えた。私たちは声を聞き、それを現実のものにした」

記者団に対しても、レクサスは変わるのだということを熱心に表明した。

「我々はエモーショナルなブランドになる。2度と〝レクサス〟と〝退屈〟の文字が同じ文に登場することがないように」

2014年にアメリカでのブランド発足25周年を迎え、第2の四半世紀の歴史を築きはじめているレクサス。今までは退屈といわれていたが、これからはそうではないという宣言はアグレッシブであるし、これからのレクサスに期待する顧客の心にはとてもポジティブに感じられる言葉であろう。

実際、アメリカでは長い間、レクサスといえば品質はいいが退屈だと評する声が少なくなかった。高級車マーケットといってもその中身はさまざまで、走り重視、エレガンス重視、威圧感重視等々、いろいろなキャラクターのクルマがある。そのなかでレクサスは、キャラクターの薄いクルマだと思われてきた。口の悪いメディアの中には、定年退職者にお似合いなどと評するところもあったほどだ。

〝キャラが立っている〟くらいでないと埋没してしまう

変化の兆候はあった。近年登場したスポーツセダンの「ＩＳ」やクーペの「ＲＣ」など、新世代のレクサスデザインが与えられたモデルは、アメリカ人にとってビビッドなものに映ったらしい。「これを退屈と見ることは可能だろうか」などという婉曲的な表現で好意的な評価がなされたこともあった。ＬＣ５００はそのような、アメリカの顧客が抱いている「レクサスは変わるのかな」という漠然としたイメージを、「変わるんだね」という確信に変えるだけの力は十分に持ち合わせているだろう。

もちろんデザインは好き嫌いがハッキリと出る分野であるし、またそのクルマが置かれる場所によっても見え方がまるで異なる。福市がかつて在籍したカリフォルニアのサテライトスタジオＣＡＬＴＹでつくられたＬＣ５００の強いデザインは、アメリカでは近代的な都市や、渺茫《びょうぼう》とした岩砂漠など、さまざまなシチュエーションでプラスの存在感を発揮するだろう。「何もかもが大きく、広く、世界の主要市場でいちばんクルマが小さく見える国」(レクサスのライバル、インフィニティのデザイナー)ゆえ、〝キャラが立っている〟くらいでないと、埋没してしまうからだ。

「LS400」はどのようなクルマだったのか

一方、欧州や日本の街並みでどう見えるかは未知数だ。違和感を覚える、あるいはクルマが風景を邪魔する可能性は十分にある。もしそこでLC500が違和感ではなく存在感を放つクルマとして広く支持されたなら、それはレクサスが、もはやTPOをわきまえないでいい、どこへ行ってもそのキャラクターが好意をもって迎えられる、いっぱしのブランドとして認められる瞬間だろう。フラッグシップがそうなれば、あとは下のクラスにもそのイメージを適用していくことで、レクサスは前向きに歴史を刻んでいける。

再スタートを華々しく宣言したレクサスだが、実は衝撃的なモデルを出してブランドをつくることにトライしたのは、これが初めてではない。最初のトライは1989年にレクサスの第1号モデルとしてデビューしたLS400。レクサスブランドそのものがチャレンジだった。

長い伝統を誇る欧米の高級車ブランドに、彼らとは異なるクリーン、知的、そしてバリュー・フォー・マネーという価値観でチャレンジしたレクサスは、新しモノ好きな西海岸の富裕層を中心に、大歓迎された。それは、今日でいえば〝そんな高性能EVを現実的な値段でつくるのは不可能だろう〟という声を尻目にEV高級車を世に問い、あっという間に高級車市場の寵児となったベンチャー企業、テスラモーターズのようなものだった。

章男が訣別を宣言した「退屈なレクサス」は、最初から退屈だったわけではなかったのだ。黎明期は、そんなエキサイティングなブランドだったのである。見方を変えれば、今、アメリカの富裕層を興奮させるようなデザインのLC500を出したからといって、章男や福市らが、レクサス改革に格別の思いを持つ人間の夢を受け継ぐことができなければ、次の25年が今までの25年の二の舞いになる可能性も十分にあるということだ。そのLS400とはどのようなクルマで、いかにしてつくられたのか。

経年劣化を感じさせない初代「LS400」

全長4995ミリメートル、全幅1820ミリメートルの体躯に最高出力260馬力の4リットルV型8気筒エンジンを組み合わせた、今日の基準で見ても堂々たるフルサイズサルーンカー、ＬＳ４００の日本版、セルシオ。本書を執筆するにあたり、初代モデルをテストドライブしてみた。

セルシオのような高級車の場合、ガレージに保管されていたものも多い。テストドライブしたクルマも、そういうきわめてコンディションのいい１台だった。汚れも少なく、タイヤを除けば、ホイールまで含めてすべてオリジナルコンディションを保っていた。とはいえ、クルマは走らずとも、製造から長い年月が経てば、経年劣化というダメージが発生する。塗装からは艶が消え、内装のプラスチックや革の表面が劣化し、手触りが悪くなるものだ。ところが、セルシオの塗装は景色が映るほどピカピカで室内の劣化も小さいものだった。

デザインはもちろん、今となっては各部が古い。だが、それはヘッドランプやブレーキランプが現代的なＬＥＤライティングではなくハロゲンや白熱球であることや装飾メッキの加工精度などがそう見せるのであって、当時としては限界ともいえる空気抵抗の少なさを実現したボディのプロポーションは均整の取れた、きわめて近代的なもので、今日においても鮮度を保っている。室内のデザインは住宅のインテリアと同じで、外観に比べると時代のトレンドがハッキリ出る。色使いがいかにも土臭かったり、オーディオがカセットテープ方式だったりするあたりは、さすがに年代モノであることを感じさせる部分だ。

走りはじめてまず衝撃的だったのは、クルマづくりの技術が長足の進化を遂げた今日の基準でみてもなお第一級といいきれる静粛性を持っていることだった。エンジンは新車時に比べると若干、シャリシャリというベルト類の音が混じるようになっていたが、それでも四半世紀以上前に設計されたとは信じ難いほどに振動がなく、滑らかそのものだった。

乗り心地もスムーズだった。高速走行性能が高められた今日のクルマに比べると、足回りは柔らかすぎるきらいはあるものの、柔らかいサスペンションならではのおっとりとした乗り味は、それなりのよさがある。アスファルトの補修跡や道路が波打ったところ、また段差などを乗り越えても、室内は至って平和そのもので、きしみ音などもない。

セルシオ、すなわち初代ＬＳ４００は、そんなクルマだった。四半世紀前に発売されたにもかかわらず、なお時代遅れになっていない走行感覚、当時のクラウンのような華美なデコレーションに走らず、抑制的な美しさを目指したデザイン。そして製造から20年以上経ったクルマであってもさしたる経年劣化を感じさせない耐久性。

セルシオが新車で売られていた当時、筆者はちょうど免許を取ったのが嬉しくてクルマを乗り回すような年頃だった。トヨタ車もクラウン、ソアラから当時のベーシックカーのベストセラーだったスターレットまで大小さまざまなモデルを、レンタカーや友人のクルマで遠乗りをして遊んだ。その記憶と照らし合わせても、初代セルシオは内外装のデザインこそトヨタ風だが、そのつくり込みは当時のトヨタ車と、およそ異質というべきものだった。

LS400の開発で重視された「本質の追求」

当時としては紛れもなく世界トップクラスといえるほど完成度の高いクルマの開発やレクサスのブランド策定は、よほど緻密な計画のもとに進められたのだろうと思われるかもしれないが、レクサス誕生のきっかけをつくった〝トヨタ中興の祖〟豊田英二（元トヨタ自動車会長）に薫陶を受けたトヨタOBは、実態はまったく違っていたと述懐する。

「LS400はもともと、アメリカにおけるトヨタのトップモデルだった『クレシーダ（日本名マークⅡ）』が現地でまったく通用しなかったため、次のクレシーダはもっといいクルマにしなければという程度の動機でスタートしたプロジェクトでした」

1970年代は、高度経済成長の中で日本の自動車メーカーが次第に力をつけ、世界に羽ばたきはじめた頃だった。とくに1973年に石油ショックが発生した後は、小型で燃費のよい日本車は存在感を大いに上げ、輸出台数は急伸。対照的に、ビッグアメリカ、ストロングアメリカの象徴であったアメリカの3大自動車メーカー（GM、フォード、クライスラー）は苦境に陥っていく。

「1981年、日本米貿易交渉のすえ、日本が対米輸出台数を自主規制することが決まりました。台数が限られる以上、1台あたりの売価が高い上級モデルにシフトしないとビジネスは伸びない。また、（豊田）英二さんは1987年にトヨタが50周年を迎えることを意識されて、どうせだったらもっと素晴らしいクルマにしようと、開発の過程で当初の構想より上、また上を狙うようになったんです」

一方で、トヨタではない別ブランドを立てることには、英二は快く思っていなかった。長らく首を縦に振らなかったのだが、北米事業を担当していた次男の豊田鐵郎（豊田自動織機会長）に説得され、ようやく折れたのだった。

「それでも、1989年に日本でLS400をセルシオとして発売するときにはひと悶着あったんです。トヨタのフラッグシップという紹介の仕方に対して、英二さんは『トヨタのフラッグシップはクラウンなんだ』と、最後まで反対されていました」

「LS400」で大切にしたかったのは「本質の追求」

トヨタは、明治〜大正期にかけて発明家として活躍したことで知られる豊田佐吉が創業した豊田自動織機から1937年に分離して発足したメーカー。その発足を主導したのは佐吉の息子である喜一郎だった。

喜一郎の従弟の英二は生粋のエンジニアで、初代クラウン、大衆車の「パブリカ」「カローラ」などトヨタの屋台骨となるモデルの計画を次々に発案。1967年の社長就任後、トヨタの業容を飛躍的に拡大させた。トヨタの生みの親が喜一郎だとすれば、英二は育ての親だった。その英二にとって、トヨタというブランド、クラウンというモデルに深い愛情を示したのは、無理からぬことだった。

クレシーダとして開発が始まった新しい高級車は開発が進むにつれて、目標が加速度的に高くなり、最終的に世界水準の高級車LS400となった。その開発のフィロソフィを示すためのキーワードは「源流対策」だった。

世界に通用する新しい高級車には、理詰めの形を与えたい

「LS400の開発で自分がいちばん大事にしたかったのは、本質の追求でした。私はデザインからそれを行いましたが、チーフエンジニアをやった鈴木一郎さんはじめ、ボディ、シャシー、パワートレイン、生産技術まで、みんながそう考えていた。難しいこと、でき

ないことでもやるべきことはやり遂げて、世界に通用するクルマをつくろうとしたのです」

こう語るのは、前出のLS400のチーフデザイナーを務めた内田邦博。博多生まれの九州男児で、東京藝大の工芸科工業デザイン課程（現・デザイン科）を卒業後、トヨタに入社。3代目から6代目までと10代目のクラウンをはじめ、スポーツクーペの初代セリカや「スープラ」、ミッドシップ（エンジンを前ではなく運転席後方に搭載する形式）スポーツの2代目「MR2」、国内専用のプレステージサルーンである2代目「センチュリー」ほか、手がけてきたクルマは十指に余る。

また、1971年には世界の著名な自動車デザイナーを輩出したことで知られるアメリカのアートセンター・カレッジ・オブ・デザインに留学し、早くから海外を目にするなど、経験も幅広い。トヨタのクルマづくりの歴史を俯瞰的に語ることができる人物のひとりで、レクサスプレジデントの福市が部下だった時代もある。

「僕は部下の面倒見がいいほうではなかったし、かなり厳しくもあったと思う。でも、彼（福市）にはそんなにきつく当たった記憶はないなあ……彼はネアカでしたよ。いつもニコニコしていて、さばけていて、絵はうまい。ああいうキャラクターの人間は、今のトヨタのような組織には大事」

というのが、内田の福市評だ。

ＬＳ４００の源流主義は、まさにトヨタオリジナル

ＬＳ４００に話を戻す。源流対策とは、騒音、振動、燃費、乗り心地など、クルマづくりで解決すべき課題を後対策ではなく、なぜそういう現象が起きるのかという原因を考え、そうならない設計を目指せば理想的なクルマができるのではないかという仮説だった。コストや技術の制約が常につきまとう量産車は、基本的に妥協の産物である。そのなかで、50周年に恥じないようなクルマを理想主義でつくってみようというのが、本物の高級車づくりという路線で固まったときに打ち出した方針だった。前出のトヨタＯＢはいう。

「トヨタはよく80点主義といわれていましたが、実は昔から、物事を根本的に考えるのが好きな会社なんです。一例は排出ガス浄化の研究。１９６０年代に大気汚染が深刻化し、クルマの排出ガスをクリーンにしなければ必ず問題になるといわれていた。そのとき、トヨタはＮＯｘ（窒素酸化物。光化学スモッグの原因物質）をはじめとする有害成分をどう処理するかを考える前に、それらがなぜ理論値より余分に出るのかを知ろうとしました。先端技術を研究する豊田中央研究所と共同でシリンダー内の燃焼の様子がわかる装置を開発し、炎のムラがどうなっているのかという解析を進め、後処理装置だけでなくガソリン

が綺麗に燃えるためのエンジンのあり方を研究したのです」

アメリカのカリフォルニア州が策定した、当初はクリア不可能といわれていた大気汚染防止法、通称マスキー法クリアのいちばん乗りはホンダのＣＶＣＣエンジンに取られた。だが、燃焼を根本から突き詰め、希薄燃焼方式、触媒方式など多様なシステムを開発したトヨタは、後に排出ガス浄化で世界のトップランナーの地位をえたのである。ＬＳ４００の源流主義は、そんなトヨタの遺伝子に立脚した、まさにトヨタオリジナルだった。

内田はクラウンやマークⅡなど、華美な装飾を持つ高級車を数多く手がけてきたが、本心ではそういうキッチュ（小手先のまやかし）なデザインは好きではなく、古代日本の弥生文化のような、虚飾を排した本質がかもし出す美しさが好きだった。世界に通用する新しい高級車に、キッチュではなく、理詰めの形を与えたい、そうすれば自然と、理が持つ美しさが出るはずだと思っていた。

トヨタのデザイン文法を気にせず、それを思いどおりにやれるチャンスが開発の途中に到来した。１９８６年にアメリカでガスガズラー・タックス（燃費の悪いクルマに課される税金）が大幅に引き上げられることになったのだ。想定していた燃費はそれよりわずかに悪い。そこでクローズアップされたのが、空気抵抗を減らすデザインの必要性だった。

「大衆商品である以上、〝俗〟の部分はどうしても必要ですよ。でも、ＬＳ４００は飾り立てて存在を主張するクルマにはしたくなかった。僕は飛行機が好きだったから、空気抵抗を減らすデザインは大好きでしたが、クラウンで角を削った空力デザインを提案したときは、小さく見えるからということで許可されなかった。今こそやれるぞ、と」

ウチの役員が嫌うクルマをつくる

当時、内田はアメリカのマスメディアの記者やアメリカの有力販売会社、サウスイーストトヨタを一代で起こした伝説の営業マン、ジム・ブラウンなどに「ウチの役員が嫌うクルマをつくる」といっていたようだった。

「実際、審査では8回も落とされました。でも、当時の役員におもねるクルマをつくったら、大きいクラウンになってしまう。そうはさせるものかと頑張って粘り勝ちました」

空力は、デザイナーがひとりでできるものではない。流体力学を研究する部署と綿密に連携して開発を進めた。スタイル決定に3年4カ月もかかるというのは、トヨタのみならず世界を見渡しても、異例のことだったが、それだけでは十分でなかった。クルマを実際につくってみて問題を洗い出す段階で、生産側からクレームがついた。レクサスをつくる田原工場は、かつて工作精度がトヨタの中でいちばん低かった。それを3年でナンバーワンに引き上げた豪腕の技術部長で、後にトヨタの副社長を経てダイハツ工業の会長となる白水宏典が「こんな難しい形をつくるのがどれだけ大変かわかってるのか」といった。

「白水さんは当時技術部長でしたが、典型的な九州男児で西郷隆盛みたいな貫禄がある。彼がどやしつけると、もうみんな震え上がってしまうくらい」

難しいという理由を白水から聞いた内田だが、それを百も承知で、「このとおりにつくってください」と白水にいった。

LS400は空気抵抗を減らすために、車体の全体が滑らかな曲面で構成されていて、真っ直ぐなところがほとんどない。また、窓の段差も小さく、ドアやボンネットなど可動部分の隙間は、当時のトヨタ車の半分だった。ちょっとでも組み付け精度が低いと、走っているときの振動で他の部品と当たってしまうレベルだ。まさに飛行機に近い考え方で、生産現場が難渋を示すのも無理はなかった。だが、レクサス開発陣が「これまでにないクルマにチャレンジするんだ」というと、白水は一転、「わかった」といって、レクサスをつくるための体制づくりに奔走した。白水は後年、

「挑戦といわれると血が騒ぐ性格だったから、急にやってみたくなった。でもやってよかった。あれでウチのモノづくりの技術やノウハウは飛躍的に上がったと思う」

と回想した。

ＬＳ４００づくりで大変だったのはもちろんデザインだけではない。通常の数倍に及ぶテスト走行を１９８４年に第一期工事が完成したばかりの北海道・士別《しべつ》テストコースや海外の公道で重ねた。

４リットルＶ８エンジンは金属が擦《こす》れる音を徹底的に減らすため、生産現場においてシリンダーの内面を和紙で磨いて鏡面加工するという奇想天外、しかし匠の技を感じさせる方法でつくるなど、生産側もかつてない高級車をつくるためにハイテクだけでなく、これまでのモノづくりで培った知恵を総動員してつくり上げたのだった。

本物のチャレンジだった初代「ＬＳ４００」

レクサスの伝説をつくった初代ＬＳ４００は、こうしてつくられたクルマだった。最初から今の自分たちならここまでやれるという考え方ではなく、できるかできないかわからないが、とにかくやってみるという、自分たちの殻を打ち破る挑戦のすえに生み出されたものだった。今日、世の中は自分をよく見せるための宣伝めいたチャレンジであふれている。ＬＳ４００はそうではなく、本物のチャレンジだった。

そのクルマづくりとは対照的に、レクサスブランドの立ち上げは、完全な間に合わせだった。前述のように、当初はクレシーダをもっと立派にしようという動機で始まったプロジェクトで、あくまでトヨタブランドのためのクルマづくりだったからだ。

レクサスのブランディングや販売の戦略は、クルマづくりとはまったく異なるかたちで二転三転のすえ、急場しのぎで決まった。

「当初は本当に、高級車チャネルをやる予定はなかったんです。そもそもそんなことができると思っていなかったし、やるべきだとも思っていなかった。しかし、アメリカ人スタッフからは、高級車をやるならトヨタブランドではダメだ、それでは売れないと明言されていました」と前出のトヨタＯＢはいう。

大衆車から高級車は生まれない

ＬＳ４００の準備を着々と進めているとき、アメリカのトヨタのモータープールもディーラーのショールームもピックアップトラックで埋め尽くされていた。日本政府が決めた対米輸出自主規制によって乗用車の数は減っていたが、当時、ピックアップトラックは規制の対象外だったからだ。

そんなトラックの中にＬＳ４００を置いて「ハイ高級車ですよ」といっても顧客に取り

合ってもらえるはずがないという声がアメリカ側から出た。説得力のある言葉だった。

それだけではない。アメリカは平等社会というイメージがあるが、ブランドの格についての意識はかなり強いと、アメリカ生活を体験した内田はいう。

「大衆車から高級車は生まれない、と彼らは思っているんですよ。歴史を繙《ひもと》くと、トヨタは最初、クルマにトヨペット（ＴＯＹＯＰＥＴ）というブランドを使っていましたね。ところがアメリカにクルマを売るとき、アメリカ人からは〝Toy o'pet〟、すなわち「おもちゃのペット」といわれてしまった。それでトヨタブランドにしたということがあったんです。高級車をやるのだったらブランドを分けるというのは、絶対なんですね」

このように、レクサスは高級車ブランドをやるのだという鉄の信念で展開したものではなく、高級車はブランドを分けなければいけないという必要に迫られて、とりあえず始めたものだったのである。

にもかかわらず、アメリカでレクサスが発足するやいなや、ＬＳ４００効果でブランドは拍手をもって迎えられ、スターダムに一気にのし上がった。まるで昨日までＢ級映画にしか出演していなかった二流俳優が、いきなりカンヌ国際映画祭のレッドカーペットを踏んだようなものだった。

アメリカでＬＳ４００が発売された翌10月、日本ではトヨタ・セルシオという名で発売された。"CELSIOR"は「より高尚な、より高い」という意味のラテン語だ。

マスメディア向けの新車発表会が行われたのは、東京の帝国ホテル。晩餐が振る舞われ、会場では当時クラシック、ポップスの両方で人気作曲家として持てはやされていた三枝成彰に依嘱した「セルシオ交響曲」が演奏された。国内市場が立ち枯れ状態となり、自動車メーカーが新車発表会をホテルで行うと、記者が「おっ、珍しいね」などといったりする今日の状況からは、想像もつかないような派手なプロモーションである。

「海図なき船出」のレクサス

その1年前、日産が排気量3リットルのV型6気筒ターボエンジンを搭載した3ナンバーサイズの高級車「シーマ」を発売したところ、バブル景気の波に乗ってシーマ現象という言葉が生まれたほどに売れたことで、国産の高額車であってもクルマがよければ顧客は摑めることは証明されていた。

より本格的な性能を持って登場したセルシオは、日本での価格が最も安い仕様でクラウンの最上級グレードより高い455万円、最も高いものでは620万円と、当時の日本車としては飛びぬけて高価だったにもかかわらず、注文が殺到して長い納車待ちが出るほどに売れた。

トヨタ50周年に「ふさわしいクルマをつくろう」といいだした会長の英二、そして自動車製造会社のトヨタ自動車工業と販売会社のトヨタ自動車販売が合併した1982年に社長に就任したトヨタ創業者喜一郎の息子、章一郎は、高級車進出のチャレンジに勝ったことについては、まさにしてやったりと大いに喜びを見せたという。だが、LS400、セルシオというクルマそのものやレクサスブランドへの愛情は、当時の彼らの言葉とは裏腹に、実は深いものではなかった。

英二はクラウンの上に豊田佐吉翁の生誕100年を記念して生まれたセンチュリー以外のモデルがくるのが面白くなく、セルシオが発売される2カ月前、クラウンのエンジンルームにセルシオ用の巨大なV型8気筒エンジンを無理矢理詰め込んだグレードをつくってまでメンツを保とうとした。章一郎はセルシオがそれまでのトヨタ製高級車の特徴だったきらびやかなデコレーションを持っていないことに、あからさまに不満を示すこともあったという。

初動に成功した高級車ブランドであるレクサスを今後どうやって本物にしていくかというビジョンの欠如と、理想主義による手間ひまをかけたクルマづくりへの社内の漠たる反感。順風満帆に見えた日米での滑り出しの陰で、トヨタ社内ではそんな方向性の定まらないレクサスを指して、こんな言葉が囁かれるようになった。「海図なき船出」。

高級車界のお買い得ブランド

レクサスは米国で30万台超を販売する、当地のプレミアムカーのビッグスリーとなった。だが、販売の主流は先陣を切ったLSに始まったプレミアムセグメントの本丸である後輪駆動セダンモデル群から、フルサイズに近いボディサイズでありながら安価な前輪駆動セダンであるES、および、内田デザインによる初代が大ヒットとなり、クロスオーバーSUVというジャンルを切り開いたRXへと移行していった。これはレクサスが鮮烈なニューカマーから、高級車界のお買い得ブランドになっていったことを示す。

その構図は、今も変わっていない。RXは今日、中型高級クロスオーバーSUVのジャンルで販売台数ナンバーワンだが、同カテゴリーのライバルであるBMW「X5」と価格を比較すると、エンジン出力や装備が似たもの同士で概ね1万ドル強、日本円にして約120万円もの差がある。4万ドルアンダーで大型高級車が買えるということで人気のESも、同クラスの前輪駆動高級車、アウディ「A6」に対して8000ドル強、約100万円安い。

こうなった原因は、実は発売時の〝初動〟にあった。レクサスが高級車ブランドとして受け入れられるかどうか確信が持てなかったトヨタは、本来なら当時の価格で5万ドル、6万ドル、あるいはそれ以上というのが相場だったフルサイズ高級セダンに相当するLS400を、あろうことか3万5000ドルという破格値で売ったのだ。ちなみに2年後にホンダがアメリカに投入した2ドアクーペ「プレリュード」の価格は3万4000ドルだった。プレリュードもまた高所得層をターゲットにしていたとはいえ、2・3リットル直列4気筒の若者向けデートカーと変わらない価格というのは、クルマの持つ価値に対してあまりに安すぎた。

レクサスはトヨタの〝おまけ〟なのか？

レクサスを本物にする気があれば、最初の成功の直後から、将来的により高価格でも勝負になるようなクルマづくりや販売戦略に取りかかるべきだった。

内田はレクサス発足当時、

「LS400は、それまで我が世の春を謳歌してきた欧州のプレミアムブランドという虎の尾を思いっきり踏みつけるクルマ。彼らはこれから本気になるだろう。それからが本当と思ったという。実際、欧州のライバルメーカーはしばらくときを置いて、逆襲に転じた。その攻勢はすさまじく、付加価値の高い分野を中心にレクサスを圧倒するようになった。一方、レクサスはプレミアムセグメントの低価格帯に追いやられてしまったのだった。

レクサスは、調査会社の品質調査、顧客満足度などではいつもトップクラスを占めるなど、さまざまな美点も持っている。得意としているハイブリッド技術をはじめ、トヨタが持つクルマをつくるための技術も世界第一級のものがあり、それはレクサスにも存分に投入されている。にもかかわらず、レクサスが〝退屈でつまらないクルマ〟という烙印を押されてしまうようになった要因は、トヨタ自身がレクサスを終始〝トヨタのついで〟としか見ていなかったことにあった。

品質のよさもハイブリッドも、トヨタが自分自身のために行っていることで、レクサスのために行っているわけではない。レクサスがこれまで何度も宣言してきたモノづくりへのチャレンジは、初代LSのようなトヨタの既成概念からはみ出したものではなく、トヨタならこのくらいはできるという程度のものにすぎなかったのだ。例外はヤマハ発動機と共同でエンジンを開発し、ニュルブルクリンクで世界のスーパースポーツの多くを上回るタイムを記録した超高性能車「ＬＦＡ」だったが、そのチャレンジは普段のレクサスの姿勢とあまりにも異なるものだったため、ブランドに結びつくことはなかった。

〝レクサスはトヨタのおまけ〟……この実情を自ら変えることができないままでいるうちに、2008年、リーマンショックが世界を襲う。最大市場のアメリカで、販売が激減した。「レクサスはもうダメかもしれない」という声が社内からもきかれるようになっていたさなか、章男がやってきた。

〝カーガイ〟社長が求めるクルマ

悩めるブランドとなっていたレクサスにとって、章男がトヨタのトップになったことは天佑《てんゆう》といえた。これまでは、レクサスはトヨタの首脳や社員にとって、名声や出世のために手柄を立てる道具でしかなかった。だが、章男にとってレクサスは、社長就任前の役員時代、担当外であるにもかかわらず多忙な中に時間を見つけては、いろいろなかたちでプロジェクトにかかわってきた、思い入れのあるブランドだった。

章男は豊田自動織機創業者、豊田佐吉の曾孫で、直系の4代目にあたる。その系譜を辿ると、豊田佐吉は発明家。2代目の喜一郎は東京帝国大学工学部、法学部の両方を卒業した文武両道の士。3代目の章一郎は名古屋大学工学部を出た生粋のエンジニア。それに対して4代目の章男は、慶應義塾大学法学部卒業。それまでの3代と違い、豊田本家としては初めての〝文系社長〟なのだ。

3人の豊田本家の先人と章男の間には、もうひとつ大きな違いがある。佐吉は自動車産業に将来性を見出し、喜一郎と章一郎は自動車産業の発展に貢献するなど、産業・事業への愛情を注いできた。章男は自動車産業への愛情はもちろんだが、それ以上にクルマという商品を根本的に愛している。トヨタ車だけではない。世界中のさまざまなクルマに関心を持ち、自らハンドルを握って世界中の道路を走るのが好きな〝カーガイ〟だ。カーガイとは自動車業界、とくに海外で使われる言葉で、日本語に訳すと「クルマ野郎」という感じのニュアンスを持つ。

自動車産業はビジネスであり、ビジネスとしては投資に対してどれだけ利益をえられるかがすべてであることはいうまでもないが、物事にはすべて動機というものがある。クルマを純粋にお金儲けの手段と捉える考えはもちろんある。一方で、「とにかく自分がいいと思うクルマをつくりたいから自動車ビジネスに携わっている。さらに利益が出れば文句ないだろう」と、とにかくクルマにかかわっていれば人生幸せだから自動車業界にいるというタイプの人間が、自動車業界を面白くしてきたという歴史がある。

クルマづくりの世界でクルマ好きといわれるほどだから、単なるファンなどではない。

「俺の血管にはガソリンが流れている」「ガレージで鉄とオイルの匂いを嗅ぐと幸せな気分になる」等々、さまざまな決め台詞があるが、とにかく寝ても覚めてもクルマに取り憑かれているタイプが特別にカーガイと呼ばれるのだ。

レクサスをトヨタのサブブランドにしたくない

章男は、自らを無類のクルマ好きと称してやまない。単にクルマが好き、ドライブが好きというだけでなく、役員時代にトヨタのテストドライバーから徹底的にドライビングテクニックの教習を受けてテストドライバーの資格をえたり、国際モータースポーツライセンスを取得し、「モリゾウ」のニックネームでニュルブルクリンク24時間耐久レース、全日本ラリー選手権などに出場したりするタイプだ。

海外の自動車メーカーでは、こういうタイプの人物が社長になるのは珍しいことではないが、モノづくりと経営を分けて考えることが多い日本では、ほとんど前例がないといっていい。自動車工学好き、レース好き、クルマファンというキャラクターの社長は何人もいたが、筆者が知る限り、文字どおりのカーガイがトップに立ったのは初めてだ。

もちろんカーガイがトップに立つことが、必ずいい結果につながるとはかぎらないし、クルマ好きであることが物事の判断を誤らせ、企業経営を傾かせた先例は世界に多数ある。だが、これまでのところ章男はリコール問題、超円高、自然災害、女性役員の薬物疑惑事件など度重なる逆風を跳ね返し、業績は絶好調だ。むしろ、カーガイぶりは悪いほうにではなく、技術開発や品質管理は得意だが、味づくりはお世辞にもうまいとはいえないというトヨタのウィークポイントの克服という、よいほうに出ている。

その章男は、レクサスについて「エモーショナルなブランドにする」とたびたび言及している。単に品質がいい、ハイブリッドで燃費がいいというこれまでの無難なクルマづくりをやめ、顧客が熱烈に好きになってくれるキャラクターに変えるというのだ。しかもそのターゲットは「本物を知る顧客」である。

章男にとっても、もちろんトヨタは命に代えても絶対に壊すことのできない大事なブランドだが、レクサスをトヨタのサブブランドにしたくないとも本気で考えていた。

クルマに特段のこだわりをもつ顧客層にアクセスするプレミアムブランドのレクサスを、トヨタとは別のものにしたい――章男のカーガイとしての理屈抜きの本能がそう思わせているのだが、実はブランドマーケティングでも、それは困難だが最善手とされている。

就任後、たびたび困難に突き当たったときもそうだったが、「自分にうそをつかないようにしよう。でないと、他人に本当のことなんかいえるわけがない」という直球勝負の章男は、経営者に必要なセンスを持っている。

レクサスはもっともっとよくならなければならない

レクサスの改革が始まった。初仕事は、2009年7月、販売に伸び悩むレクサスが状況を打開しようと、ミドルクラスのハイブリッド専用セダン「HS」を投入したときの記者発表会でのプレゼンテーションだった。

発表が行われた東京・お台場の日本科学未来館には、6月に社長就任したばかりの章男が何を話すかと、多くの報道陣が詰めかけた。そこで章男は、

「クルマには先味、中味、後味があります。先味はクルマを見て〝乗ってみたい〟と思わせるデザイン。中味はドライブしていて楽しいと思わせる走り。そして、クルマから降りたときにまた乗りたいと思わせるのが後味」

と、滔々《とうとう》と章男流の〝もっといいクルマ観〟を語った。クルマであればどんなクラスであっても目指すべき理想だが、レクサスのようなプレミアムセグメントを志向するブランドにとっては格別に重要なことだ。そもそもこれらがなければ、富裕層が自らハンドルを握って楽しむことを第一目的とするプレミアムセグメントを名乗る資格がない。

興味深かったのは、プレゼンテーションの最後に発せられた章男の言葉だった。

「HSはそんな味のクルマになった――とはいいませんが、かなり頑張ってくれた。ぜひ皆さまにも触って、乗っていただいて、辛口も含めてご意見をいただきたい」

これには、章男の率直な思いが出ている。大勢の人前で、まっさらの新型車であるHSは自分の求めるレクサス像に及んでいないと、公言したも同然である。

しかしながら、レクサスはもっともっとよくならなければならないし、できるはずなのに、そうなっていないことに章男が残念な思いを抱いていたのも、紛れもない事実だ。HSは自分が社長に就任する前に出来上がっていて、どうすることもできなかった。その思いは、後日行われたHSのジャーナリスト試乗会でハンドルを握ってみると、即座に伝わってきた。

レクサスをもっといいクルマにするための改革

試乗会が行われたのはトヨタが運営するサーキット、富士スピードウェイ。周辺には高速道路、スムーズに流れて気持ちよく走れる一般道、舗装が荒れてボコボコになった山道と、多様な道路があった。それらさまざまな道を2時間ほど自由に走ってみたのだが、H

Sはドライブ中、退屈なクルマだった。せめてデザインがよければ、ファッション性に救いを求めることができるのだが、そのデザインもレクサスのバッジをはずせば、トヨタと見分けがつくものではなかった。はたして、HSは後日、最大のターゲットであったはずのアメリカ市場で相手にされず、販売を取りやめるという最悪の結末に至った。

レクサスをもっといいクルマにするための改革。口でいうのはたやすいが、行うは難し。それまでのモデルも、なにも悪いクルマをつくろうとしてそうなったわけではない。トヨタの得意分野である品質、加工精度、燃費など、旧来の価値観に照らせば、いいクルマなのだ。それでいいという顧客は買ってくれる。それをもって、幹部や組織は、レクサスは成功しているといい続けてきた。

クルマに関する技術開発は日々之《これ》鍛錬の世界だが、その素材をどう調理して美味しいクルマをつくるかは自己表現の世界である。絵を描くように一人でできることなら、改革は章男の思うがままだ。だが、クルマは違う。多い場合だと3万点もの部品をひとつにまとめ上げる設計、それを正確に素早くつくる生産、顧客とのコミュニケーションを取るマーケティングや営業、アフターサービスなど、膨大な人間がそこにかかわる。旧来のトヨタ的価値観の中で生きてきた彼らの価値観を変えるのは、容易なことではない。

トヨタは連結で約34万人、単独でも7万人超の従業員を擁する巨大自動車メーカー。企業規模が大きくなれば、寄らば大樹の陰という人材の割合が圧倒的多数になることはどんな企業でも避けられないのだが、それでも自動車業界の門を叩いてきた人間たちのこと、探せば章男の思いに共鳴してくれそうなクルマ好きはいるものだ。

章男が社長就任後、ゼロから開発に着手した最初のモデルはミドルクラスセダン、レクサスＩＳの第３世代モデルだった。欧州ではプレミアムＤセグメントと呼ばれるカテゴリーで、メルセデス・ベンツ「Ｃクラス」、ＢＭＷ「３シリーズ」、アウディ「Ａ４」など、錚々《そうそう》たる強敵がひしめく、世界の高級車市場でも最激戦区を戦うためのモデル。初代、２代目は、ライバルの攻勢の前に、なすすべもなく低迷していた。

ＩＳ担当は、カーガイエンジニア

何とかＩＳを高級車市場で光る存在にしたい……通常ならいくつものクルマの開発経験を持つ本流のベテランを充てるところだが、ＩＳの開発責任者に抜擢されたのは、それまでチーフエンジニアを経験したことのない小林直樹（レクサスインターナショナル製品企画主査）だった。

小林が見込まれたのは、無類のクルマ好き、まさしくカーガイであったという点だった。

小林は、子供の頃からクルマが大好きだった。小学生の頃、父親にねだって、高価な月刊自動車雑誌だった『カーグラフィック』を定期購読させてもらい、そのバックナンバーは今も大切に保管してある。父親もまたプリンス自動車（後に日産に吸収合併）の「スカイライン」を乗り回すクルマ好きで、函館在住の頃からよくドライブに連れていってもらい、それも嬉しかったという。

大学に入学して免許を取るや、トヨタ・セリカ、いすゞ自動車の「117クーペ」、日産のスポーツカー「フェアレディZ」などに乗った。その中でも思い出深いと回想するのは、117クーペ。イタリアの名デザイナー、ジョルジェット・ジウジアーロの手になる優美なデザインの2ドアクーペ。ボディには直線部分がほとんどなく、全体が滑らかな曲面で構成される、まさにイタリアの古典的なスペシャリティカーのように優雅なフォルムが特徴。1968年に発売されたときはその精密な曲面を大量生産でつくることができず、1972年まではハンドメイドでつくられていたというモデルだ。

「1973年式の古い丸目のモデルで、1年半かけて自分でレストアしました。とくに頑張ったのはインテリア。1972年までつくられていたハンドメイドモデルのような美しい木目のメーターパネルにしたいと思って、自分で木材を買ってきてメーター部分をくりぬいて、ニスを塗ってつくりました。今でも忘れられない、本当に愛すべきクルマでした」

自ら掴み取った「Dセグメント」担当

クルマ好きが高じて、トヨタに入社した小林。最初は強度実験というクルマの信頼性を試す部署に配属されたが、自分としてはやはり夢である設計を担当したい。シャシー（サスペンションなどクルマの走りを左右する重要な機構）設計に異動希望を出した。

「僕は走りが好きなので、僕がシャシー設計に行ったらきっといいクルマができますよ」とアピールしたのが奏功してか、異動の希望がかなった。

「シャシー設計は、僕のようなクルマ好きにとっては夢のような場所でした。トヨタ車だけでなく、世界中のライバルモデルが山のようにあって、テストコースも乗り放題、サーキットも行き放題。実は、今も毎月サーキットに行っていています」

ところが、希望がかなってシャシー設計をやり始めてしばらくすると、他のことをしたくなった。設計だけではクルマがよくならないということがわかってきたのだ。

「今思うと、無鉄砲というか自信過剰というか。俺に任せてほしいと、希望を出しました」

そこはクルマの性能や耐久性などを精査するための「実験」という部署だった。シャシーから実験に行くには本来、メジャーな異動ルートではなかったが、希望がかなって実験を担当することになった。

ところが、実験となってクルマの味つけに積極的にかかわれるようになっても、思うようにクルマがよくわからない。そこで、「これはもう、どういうクルマをつくるかを考える企画からやり直すしかない」と思うようになった。実験から企画の異動は、これまた一般的なルートではなかったが、小林が企画をやりたがっているという話をきいていたカローラのチーフエンジニアから「Z（製品企画部門の社内呼称）に来る気はないか」と声をかけてくれたのだという。

小林は、何に対しても突っ走る男である。カローラの企画を担当していた時も「カローラ自体も目指すべきはDセグメントの味だ」と思い、高額のローンを組んで欧州プレミアムDセグメントのクルマを自分でこっそり買い、乗り回してフィーリングを実感した。「自分でプレミアムDセグメントのクルマを買ってみて、このクラスには〝迷い〟がないとわかったんです。カッコよくて走りがいいというのがまず絶対条件。研ぎ澄まされた感じで贅肉がない。真正面から勝負して、素晴らしいものができれば必ず売れる」

どんな組織でも、適材適所は悩みのタネだ。中国の古典に「世に伯楽ありて、然《しか》る後に千里の馬あり」というものがあるように、人材の見立てというものは難しい。社内登用試験や簡単な面接などでは、おおまかな能力は測れても、その内面などわかりえないからだ。

デザイナーの「世界観を変えさせる」

章男はトヨタ全体に向かって「もっといいクルマをつくろうよ」といい続けている。就任当初、「何をいっているんだ」という反応が実に多くみられたが、社長自ら心から本気で呼びかけていれば、それに感応する人物は出てくるものなのだ。では、小林がＩＳの開発責任者として最高の人選だったのか。そんなことは考えても無駄だ。クルマが好きでＤセグメントが好きというカーガイが熱意に燃えたという結果が得られただけで、硬直化した組織のありようを壊すには十分な成果だった。

「絶対にカッコいいクルマにするぞ」という決意で開発に臨んだ小林は、開発の手法に自分が温めてきたさまざまなアイデアを盛り込んだ。なかでも興味深い取り組みは、クルマをどういう形にするかを決めるデザイナーをクルマに乗せ、サーキットやテストコースをガンガン走らせたことだ。カーガイの小林は、走らせると停まっているときよりカッコよく見えたり、その逆もあるような気がしていた。

インテリアもしかりである。それで、普段はテストコースでの全開走行など無縁なデザイナーを、青空の下に引っ張り出してみたのだ。

「これは〝当たり〟でした。デザイナーは普段、そんなにクルマには乗っていない。毎日スケッチを描いたり、CAD(コンピュータによるデザイン)をしている世界。ところが、実際に同乗して全開走行したり、自分でステアリングを握ってもらって走らせてみたところ、デザイナーのほうから『へぇ〜、コーナリングのときのスタイルってこんなふうなのか』とか、内装について『ここはこうあるべきだとずっと思っていましたけど、ドライビングの邪魔になりますよね。少し削ぎたいと思いました』といった反応が上がってきました。デザイナーが走りって何だろうと思いはじめただけでも、世界が変わってきます」

走りの味つけについても、面白い実験を行ってみた。実験ドライバーにテストコースを逆走させてみたのである。

「自分も実験屋だったからわかるんですが、トヨタがいくら多様なテストコースを持っているといっても、きちんと教育を受けて毎日毎日走っていると、いつの間にか慣れてしまう。どんな難所でもものすごくうまく走る。でも、そこに病気の温床があって、本来なら気づいておきたい微妙な違和感があっても、予測や慣れでそれを見逃してしまう。そこで試しに、テストコースを一定時間貸し切りにしてもらって、逆に走ってみてもらいました。同じコースのレイアウトなのに『うわっ普段と全然違う』と面食らう。僕も行ってみましたが、最初は全然ダメでした。すると、突然いろいろなことに気づきはじめるんですよね」

クルマの設計技術では世界最高峰の一社であるトヨタだが、味つけはイマイチ……これまで、そういう声に対してトヨタは「そんなわけがない」「気のせい」「舶来信仰のせいだ」ときって捨ててきていた。だが、仕事ではなくプライベートでプレミアムDセグメントのクルマを買ってみて体感し、味つけに差があることを実感していた小林には、そういう予断はなかった。さまざまな工夫を凝らし、懸命に走りを磨いたのである。

難関はまだ残っていた。このクルマでいいというゴーサインをもらうための、会長、社長、役員総出による審査である。いつかはその洗礼を受けなければいけないのだが、いつもそこであちこちからケチがつき、クルマの個性が薄まってしまうのだ。

私の思うようにさせていただきます

そんな折、もっといいクルマづくりをするための改革をもっと強力に進めたい章男に呼び戻されて、福市がレクサスの現場にきた。

福市がトヨタに復帰した2011年、ISの開発は後期に差しかかっていた。福市は復帰時の役員会で促され、居並ぶ役員にいった。

「私には失うものが何もありませんので、私の思うようにさせていただきます。つきましては皆さん、覚悟してください」

およそ新参の役員らしからぬ物言いだが、福市はこのくらい平気でいえるようでなければ、巨大なトヨタを髪の毛の先ほども変えられないと考えていた。それからほどなくして福市は、皆が納得することで事を進める合議制とチームワークを至上としてきたトヨタとしては異例の策を打ち出した。

それは、クルマのデザインを役員全員で検討するという方法の廃止だった。会長、社長、モノづくりに関わる部署や営業、マーケティングなど、クルマに直接関係する部署の役員だけに案を見せ、その他大勢に対しては「こういうデザインに決定いたしましたのでよろしく」と事後報告するだけという方法に変更したのだった。

カッコいいでしょう。買いたくなるでしょう

ISのデザインは、開発責任者の小林が心配するほどアグレッシブだった。

基本的なプロポーションやデザイン概念は、2代目と大きく違うわけではない。人気の出なかった2代目も、コンパクトなボディに長いボンネット、短いトランク、大きく張り出したボリューム感のあるドアなど、動きを感じさせる要素が随所に盛り込まれていたの

だ。3代目はその要素を、意図的に外に出るようデザインするという、いわば〝正常進化〟だったのだが、複雑なボディのライン、見たことのないようなヘッドランプやブレーキランプの形状など、これまでであれば検討会であれこれとケチをつけられ、つまらない形に丸め込まれてしまう恐れは十分にあった。だが、クルマに直接タッチする人間たちだけで検討する新しい方式の審査は、あっさりとパスした。

心配したデザイン審査にパスしたことで自信を持った小林は、トヨタの中でも最大の〝うるさがた〟である生産技術に対しても、ハッキリと意見を述べた。ただ意見を述べても、聞く耳を持ってくれる相手ではない。つくりにくい形には必ずクレームが出る。そこで小林は、生産技術の幹部をデザインルームに呼び、デザイン検討モデルを見せた。幹部たちは格段にスマートで力強くなったスタイリングを見て、素直にカッコいいといった。

「まず、彼らにこのクルマのファンになってもらおうと思ったんですよ。そして、大変なのは重々わかります。でもカッコいいでしょう。買いたくなるでしょう。あなたがたが反対したら、カッコ悪くなるんですけど」

と小林はすかさずいった。

これは効果てきめんで、いつもなら「何だこのシャープなラインは！　10R（半径10ミリメートルのきつい曲面）以下はやるなといっただろう」と厳しい声を飛ばされてもおかしくないデザイン、性能を実現させるために、生産可能な体制を敷いてもらえたという。

２０１３年５月、３代目ＩＳは日の目を見た。

レクサスは２０１２年１月に登場した大型セダンのＧＳから、フロントフェイスに独特のスピンドル（糸巻き）グリルをつけたアイデンティティマスク（全モデルのフロントフェイスに共通したデザインの特性を持たせること）を採用していたが、章男がレクサス改革を呼びかけてから開発がスタートした第1号モデルだったＩＳは、全身がオリジナリティにあふれるものに仕上がっていた。

レクサスとトヨタのデザインをはっきりと分ける

ＩＳの属するプレミアムＤセグメントは、ドイツ御三家がデザイントレンドについて圧倒的な支配力を持っており、自然とドイツ車のようになってしまう世界だ。ドイツ車に見えない、しかし世界に通用するような躍動感に満ちたデザインをどこが出すか、自動車デザイン界では興味津々だった。

ＩＳは、そこに強烈に名乗りを上げるに十分なアピアランス（外観の主張）を持つクルマとなっていた。レクサスは変われるのだと、それまで改革に興味を示さなかったスタッフにも、少しずつではあるが、熱気が波及しはじめた。

トヨタのデザイン責任者となった福市は、レクサスとトヨタのデザインをはっきりと分ける必要性を痛感していた。世界の自動車史をひもといてみると、世界の高級車ブランドのほぼすべてが発足当初から、ポジションの違いこそあれ高級車ブランドだった。

メルセデス・ベンツ、BMW、ロールスロイス、ジャガーといった高級車専業メーカーはもちろんのこと、完全にフォードの一部となっているリンカーンですら、元は独立した高級車メーカーだった。大衆車メーカーから高級車ブランドが出てきたのは、今のところトヨタ＝レクサス、ホンダ＝アキュラ、日産＝インフィニティの日系3ブランドだけである。

日本メーカーの底力がいかにあるかを示しているともいえるが、これらが「高級」とみなされるようになるには、既存の高級車ブランドに比べて一段高いハードルを越えなければいけない。高級車といえばよりよい品質、よりよい素材といったイメージがあるが、それだけでは元のメーカーと行っていることは同じとしか見られない。レクサスの素晴らしさは品質です！　といえば「トヨタは最高品質といっていたのはうそだったの？」あるいは「トヨタのほうは手抜きなの？」といわれたら答えに窮することになる。

スポーティさを前面に押し出したアキュラも「ホンダってスポーティだと思っていたけ

ど全力で行っているわけじゃないんだ」といわれようものなら、元のブランドイメージまで毀損することになりかねない。

「レクサスは高級です！」というだけでは、国内専用モデルとはいえ、V型12気筒エンジンを搭載するプレステージサルーンのセンチュリー、さらには皇族専用車のセンチュリーロイヤルを擁するトヨタブランドとどちらが上なのかということになる。元のブランドと異なる世界観を持つことは、日系3プレミアムブランド（レクサス、アキュラ、インフィニティ）に課された、とてつもなく解決困難な命題だ。福市は、いかに困難であろうとも、それを突破しないかぎり、レクサスに未来はないと考えている。

なぜ、デザインに〝スピンドルグリル〟を採用したのか

レクサスをトヨタと別のクルマにするための第1手に、福市はデザインを選んだ。どんなクルマでも、目をつぶって乗らないかぎり、必ず外観が最初に目に飛び込むものだ。そのファーストインパクトがトヨタと同じというのでは、プレミアムブランドへのチャレンジは覚束《おぼつか》ない。その点で、デザイン改革にいの一番に着手したのは必然といえた。

もっとも、トヨタもレクサスを完全に放置してきたわけではない。２００３年にデザイ

ン部門をトヨタとレクサスに分割するなど、体制づくりは一応していたのだが、組織を分けたところで、レクサスの専従デザイナーを抱えるわけではない。トヨタのデザイナーがレクサス部門に異動になれば、レクサスの看板を背負ってレクサスのデザインをする、トヨタに戻ればまたトヨタフィロソフィに戻るというのでは、レクサスのデザインは一発モノとして偶然いいものが出てきたとしても、歴史が継承されず、レクサスデザイン独特の哲学を後世に受け継いでいくのは難しい。

21世紀に入ってから掲げはじめた「L-finesse（エルフィネス）先鋭——精妙の美」というテーマだけでは抽象的すぎるように感じられる。福市はレクサスについて、ひと目見てカッコいいと思うだけでなく、他がどこも行っていない、レクサスだけのデザインを生み出すこと、そしてトヨタと明確にデザインを分けることとの2点が重要だと考えた。

そのアイコンのひとつが、前述のISにも採用されたスピンドルグリルだった。スピンドルとは日本語で糸巻きのこと。文字どおり、四角形の縦の辺の中間部を内側に絞り、糸巻きの断面のような形のグリルである。他がやっていない、ひと目でレクサスとわかるような形を目指して策定されたのだが、実はこの形になったのには技術的な理由もあるのだという。

「クルマの前面にはラジエータ（エンジンの冷却水を冷やすための金属製放熱器）があり、そこに空気を効率的に当てる必要があります。でも、大事なのはそればかりではありません。エンジンルームに熱だまりができないよううまく空気を入れて換気すること、熱を持ちやすいブレーキにも空気を送ること、余った空気をボディの下にうまく逃がしてやること、そして空気抵抗を増やす要因にならないこと。

それらの条件を満たしていくと、クルマの前面の上段は空気採り入れ口が広く、中段は狭く、バンパー付近はまた広くという形が理にかなうのです。スピンドルグリルになる前から、トヨタのクルマのグリル配置はスピンドルグリルに近いものになっていました。その進化形が、スピンドルグリルなんです」

レクサスインターナショナルのデザイン部長を務める蛭田洋は語る。

蛭田は福市が初代を手がけた後の2代目カリーナED、それより小型のお洒落系4ドアハードトップのカローラ・セレス／スプリンター・マリノ、レクサスの最上級モデルである現行LS、欧州だけで売られるベーシックカー「アイゴ」など、大小さまざまなクルマをデザインしてきた経験を持つ。その経験を買われ、福市体制発足後の初号モデルとなる中型クロスオーバーSUV、NXのデザインを手がけた。また、50人近くいるというレクサスデザインのデザイナーの束ね役でもある。

歴史がないことは、有利な面もある

ＮＸがデビューしたのは２０１４年７月だった。２０１５年、アメリカで４万台以上が売れ、より大きなクロスオーバーＳＵＶのＲＸ、大型セダンのＥＳ、そしてＩＳに次ぐ４本目の柱に成長した。

注目すべきはアメリカだけではない。リーマンショック前後を境に本格化した欧州プレミアムブランドの攻勢の前になすすべがなかった欧州市場で、年間約１万６０００台が売れた。ドイツでの最低価格が付加価値税込み４万２０００ユーロ（１ユーロ１３０円換算で５４６万円）という高額商品の月平均販売台数が１０００台を超えたのだ。アメリカに比べるとささやかな成功ではあるが、欧州でもキャラクターを強めた商品を出せば売れないことはないということの証左だった。

デザインは、ＩＳよりさらに先鋭的なものになった。薄型のランプモジュールの中に左右３つずつの四角い小さな発光器が仕込まれた、厳しい目つきのヘッドランプ、大型のスピンドルグリル、ボディ各部に刻まれた鋭いエッジのプレスライン、タイヤを収めるフェンダーも張り出しがことさら強調された。全体的に、猛《たけ》り狂ったような表情を帯びている。

福市はNXが発売されたとき、「レクサスはまだ生まれてから25年という若いブランドで歴史がない。このクルマが新たな歴史を刻む第一歩になってくれると、信じている」と挨拶していた。

「レクサスには歴史がない。それは見方を変えれば、有利なこともあるんですよ。伝統的なメーカーは、すでに確立されたデザイン文法の厳しい制約のもとにクルマをつくらなければならない。それに対して、我々は過去に縛られないぶんデザインでチャレンジする余地が大きいんです。欧州のライバルメーカーとも、デザイナー同士、エンジニア同士は結構フランクに話をするものですが、いろいろなメーカーのデザイナーからいろいろ試せるのはうらやましいといわれたりもしましたね」(蛭田)

創造性を発揮して、いいデザインを競い合う

蛭田は、NXで思い切ったダイナミズムを表現できた理由についてこう語る。

「NXでは、インテリアの質感の出し方についてもいろいろ試しました。そのひとつがセンターコンソール(運転席・助手席間の前方部分で、オーディオや空調の操作ボタンなどが集中配置されている)まわりのメタリック調のデコレーション部品。本物感を出すため

に、まず金属材を削り出して原型をつくり、それと樹脂部品を見比べながら表面の反射や色合いなどを徹底的につくり込んだのです」

レクサスデザインにはもうひとり、まとめ役がいる。トヨタとレクサスがそれぞれオリジナリティの高いデザインになっているかを見定める、トヨタデザイン本部グローバルデザイン企画部主査の田名部武志だ。

田名部はトヨタとレクサスのキャラクターのつくり分けは簡単ではないとしつつ、レクサスのデザインは初めに様式ありきではなく、緩やかな概念のもと、デザイナーが自由に創造性を発揮できるようなオペレーションを行っていきたいと語る。

「レクサスのデザインコンセプトはエルフィネスなのですが、そのコンセプトで旗を振れば皆が同じことを考えるわけではありません。手を動かすデザイナー一人ひとりがそのコンセプトを自分の中で咀嚼して、形にしていけばそれでいいのだと私は思っています。そうやって出てくる多様性は、レクサスにとってむしろプラスの魅力になるんじゃないかな、とも思います。

ヨーロッパのメーカーの場合、グリルのデザインをちょっと変えるだけで一大事です。それだけ厳格だから、少し変わっただけでもすぐにわかる。最近、アウディがグリル内を走るルーバー（格子）を真っ直ぐから少しだけ斜めにしましたが、それだけでもずいぶんイメージが変わりました。我々はそういうきつい縛りではなく、もっと個々が伸び伸びと創造性を発揮して、いいデザインを競い合うような、そんな感じにしていきたいですね」

レクサスインターナショナルの誕生

ＮＸの開発が進行中だった２０１２年６月、章男は社内体制の再編に動いた。第１章でも少し述べたが、レクサス事業部をレクサスインターナショナルに改編したのである。

これは、単に名称を変えただけではない。どういうクルマをつくるかを考える企画、市販車の開発から営業、マーケティング、はてはマスメディアの窓口となる広報まで独立させ、トヨタ社内におけるバーチャルコーポレーション（仮想企業）のような立場に引き上げたのだ。

目的は「日本発の真のグローバルプレミアムブランドを確立するため」だった。

クルマづくりの技術的な基盤は、もちろんトヨタのものだ。次の世代のクルマづくりに必要な先端技術、エンジン、変速機、ハイブリッドシステムなどで構成されるパワートレインなど、クルマを構成する基本的な部品の開発は基本的にはトヨタが主体となって行い、レクサスはＲＷＤ（後輪駆動）のプラットフォームについて主導的に開発する。実際にクルマをどういう大きさ、性能、デザインにするかといった企画や設計はレクサスで行う。製造はトヨタが行うが、販売やマーケティングはレクサスが行う。電子部品の世界でいえば、設計は自前で行い、実際の製造は外部に委託するファブレスメーカーのようなものだ。

よりパワフル、よりスポーティ、よりエモーショナルに

章男は、独立性が高まったレクサスインターナショナルのチーフブランディングオフィサー、いわゆるブランドづくりの責任者に就任。またテストドライバーとしての訓練を積んだ知見を生かすため、クルマを走らせて味つけを行う実験部門のトップであるマスタードライバーにも就任した。

さらに2014年、章男は「レクサスを変えてほしい」という言葉とともに、福市をレクサスインターナショナルのトップであるプレジデントに据えた。

そのレクサスインターナショナルは今後、どのような道を目指すのか。クルマの開発全体のまとめ役である、レクサス製品開発部長を務めた渡辺秀樹は語る。

「チーフエンジニアはじめ、製品開発を担当する人間は、自分たちのクルマで世界を埋め尽くしたいという欲望を持ってしまうものですが、レクサスは必ずしも台数をいちばん多

く売ることを目的とはしない。これは、章男さんも普段からよくいっていることです。現状ではアメリカが最大市場なのは事実ですが、今はもうアメリカのためのレクサスづくりという意識はありません」

レクサスをアメリカンブランドからグローバルブランドへと進化させるのは、レクサスの大きな命題であるが、その世界には強力なライバルが多い。

「アメリカ、ヨーロッパ、アジア、その他の地域と、世界中の声を聞いている。その結果、痛感していることは、世界のプレミアムセグメントのお客様たちの要求は、どんどんエスカレートしている。よりパワフル、よりスポーティ、そしてよりエモーショナルに。現在、レクサスにはトヨタと同様、ハイブリッドモデルもあります。現状では燃費効率を上げることを優先させているのですが、効率重視のセッティングとファン（楽しさ）なドライビングのセッティングでは方向性が異なる。

今後はバランスをファンに振って、レクサスならではの味を出すことが必要だと思っています。これからさまざまなクルマを出しますが、今後、すべてのレクサス車に与えたい味は、乗っていて〝あっ、これ楽しいな〟と思えるような動的な性能、それを支える先進技術が他社に比べて進んでいるぞという優越感、そういうものが得られるようなクルマづくりを目指していきますよ」

「AMAZING IN MOTION」がもたらす意味

ブランドづくりにおいて、クルマづくりは最重要課題だが、いいクルマをつくっても、それが顧客に伝わらなければブランドはできない。レクサスは2013年、新たなブランドのスローガンとして「AMAZING IN MOTION」を採用した。アメイジングとは何かすごいものを見たときに驚き、感動したときに発する英語の若者言葉だ。

「過去、レクサスは長い間、品質で売ってきました。今日、それはもうお客様には十分伝わっていると考えています。トヨタよりいいんだから、これはもう世界一ということになる。だけど、高いお金を出すのだったら、クルマだけではなく、他にもいろいろ楽しいことがあるじゃないですか。いい靴を履いて、いい時計を持っているほうがカッコいいよね、とか。そういった多種多様な〝いいもの〟があふれているなかで、なおレクサスに乗ってもらおうとするなら、アメイジングが大事になる。感動はエモーショナル（情感的）につながっていきますから」

ブランド戦略をこう説明するのは、レクサスブランドマネジメント部長の高田敦史。

「ブランドというものは、オーセンティック（本物、正統）であることとモード（流行）

であることの2つで成り立っているものなんですよね。クルマの場合、それにテクノロジーが加わる。その比率が、ブランドによって違うわけです。オーセンティック寄りのブランドは、そうそう流行に乗らなくてもいい。ファッションでいえばエルメスなどがそうですよね。それに対してモードなブランド、シャネルみたいなところはもう、カール・ラガーフェルド（シャネルのトップデザイナー）が〝3カ月前のものなんかもう売るもんか〟というくらい足が速い。クルマがファッションと異なるのは、どのブランドも基本的にオーセンティックは持っていて当然ということなんですよ。

レクサスは、今までクルマにあまりなかったモードの要素をしっかり入れていきたいと思っています。ラグジュアリーの中でも軽妙でカジュアル。その点で、私はレクサスに〝TOKYO〟のイメージを乗せたい。マルチカルチャーでミニマルな都市文化のあり方が、世界から高く評価されている。トヨタの故郷を愛知とすれば、レクサスは東京。こういう雰囲気を出していきたいです」

レクサスが日本に〝凱旋帰国〟した2005年

アメリカで強固なブランドの地盤を持ちながら、日本では苦戦するレクサス。販売店についても改革を進める。

1989年にアメリカで誕生したレクサスが日本に〝凱旋帰国〟したのは、2005年。日本でレクサスブランドを浸透させるにはロケットスタートしかない、とばかりに、発足前は膨大な量の事前キャンペーンを行った。

事あるごとに多くのメディアに事前情報を出稿。レクサスディーラーとして開店する準備段階のディーラーマンが最初、レクサスは中身のあるものなのかと疑念を抱きながらトヨタのサーキット、富士スピードウェイ内にあるトレーニング施設、レクサスカレッジに研修に赴き、そこでレクサスのモデルに乗る。テストドライブを終えてクルマから降りるや破顔一笑、「これはいけますよ！」と力を込めて話す、といった内容のドキュメンタリー番組まで流した。

マスメディア関係者の間でも、「この情報化時代にそんなプロモーションが通用するのか」などといぶかる声が少なくなかったが、当時、業績絶好調だったトヨタはそういった外部の声に耳を貸すような気はなく、直言する人もほとんどいなかった。

はたして、発足後の販売実績は振るわなかった。トヨタのお膝元である中京地区や一部の地方では好調なところもあったが、首都圏など需要が高いと思われる市場では「お客様が一人も来ない日がある」といった悲鳴が上がったほどだった。

年間販売台数「5万台」の壁

それから10年。発足当時に「手始めに年間5万台」という第1目標は2015年に至るまで、一度も達成できていない。

目論見としては完全にはずれた格好だが、トヨタは日本でのレクサスビジネスを諦めることはなかった。当初「基本的に金融資産3000万円以上の富裕層がターゲット」「レクサスのブランド料はきっちりいただく」といっていた高飛車な姿勢を改め、地道で丁寧な販売スタイルに改めた。

プレミアムセグメント販売の手法で新型車を粘り強く投入し続けたこともあって、目標には届いていないものの、ようやく年間5万台にもう少しで手が届くところまできた。

今、レクサス販売店は新しい試みを始めようとしているという。

「この10年間はまさに試行錯誤でした。最初はレクサス店にいらっしゃるお客様への〝おもてなし〟はこういう感じがいいのではないかというシミュレーションを行い、型から入った。しかし、それはあくまで雛形でしかなかった。そのうち、地域や店舗によってお客様の特性に合わせ、サービスをアレンジするところが出てきた。そして、どういうことを行ったか、何がよくて何が悪かったのかを販売店同士がレクサスカレッジなどで情報交換する。そうしてサービスの質を徐々に高めてきた。まだまだブランドとしては発展途中ですが、9年連続で顧客満足度ナンバーワンを取れたのは、そういう不断の努力の賜物《たまもの》だったと思います」

レクサス国内営業部長を務めた成瀬明はいう。

「そういう意味では、これからも顧客満足度は驚きと感動、アメイジングの重要なファクターであり続けると思います。レクサス店はそれぞれの経験を通じて得られた重要な知見、ノウハウを『レクサスジュエル』(顧客一人ひとりに合わせた接客ができるプロ)の方々に持っていただきたい。ノウハウは本社ではなく、やはり現場にあるのですから。

それを積み重ねて、高級ホテルにいるような、本物の接客のプロフェッショナル、コンシェルジュが育ってきてほしい。さすがに、すごい人材が各店に必ずいるという状況をつくるのは難しいかもしれませんが、トッププロが増えれば、その人たちに全国のレクサス店のレセプショニスト(受付担当者)を育成していただけるようになる。もっともっと、レクサス店のレベルは上げられると思っています」

国内展開から10年が経ち、国内のレクサスの顧客数は26万人にまで増えた。今後は、輸入車ユーザーをレクサスに引き込むチャレンジも始めるという。

「レクサスジュエルだけではありません。輸入車のお客様は、クルマが熱烈に好きだという割合が非常に高い。そこで我々はそういうお客様がいらっしゃってもクルマの話が対等にできるような人材を各店に配置することを考えています。クルマそのものだけでなくドライビングテクニックやドライブ情報など、幅広く話せる〝語り部〟です。もちろんレクサスのことについては深く話す。たとえばレクサスの縞杢《しまもく》（木工品）のステアリングは、老舗家具メーカーである天童木工が5週間をかけてつくるものです。綺麗に木目を出して、最後は絵師が手直しして、美しいステアリングになるのだとか。高級車にお乗りのお客様と、そういうコミュニケーションを取れるようになれば、レクサスの顧客満足度はさらに上がっていくと思います」

レクサスの改革は、まだ始まったばかりだ。アメリカでは25年を超えたが、日本ではまだ10年という、できたばかりに等しいブランドである。

今後も試行錯誤は続くものと思われるが、「レクサスを変えていかなければ」という章男の思いが、徐々に組織に広がっていることだけは確かだろう。

GS450h。「h」はハイブリッドモデルの意味。

第5章
「プレミアムセグメント」プレーヤー

「プレミアムセグメント」のプレーヤーたち

エモーショナル、ファッショナブルをキーワードに「本物のプレミアムブランド」への生まれ変わりを志して〝次の25年〟に動きだしたレクサス。だが、世界市場を見回してみると、本物の高級車であるプレステージクラスの下の〝準高級車〟であるプレミアムセグメントの市場は、そう大きいというわけではない。今日、世界で1年間に売れるクルマの台数は8000万台あまり。そのうちプレミアムブランドがつくるクルマは、1割にも満たないほどである。

そのプレミアムセグメントが成立しているのは、プレーヤーが少ないからだ。〝準〟と書いたが、それは工芸品のようなプレステージと比較しての話で、プレミアムブランドのクルマも高い技術や見識、美意識が求められる。それができる量産メーカーは世界でも、そう多くはない。パイが小さくとも、奪い合いの相手が少なければ、よほどの失態を演じないかぎり、戦いながらも共存できるのである。また、高価格帯の商品は顧客の嗜好も多様なため、メーカー同士が顧客を奪い合う〝食い合い〟も、低価格帯のクルマに比べると穏やかだ。

あらためて、そのプレミアムセグメントのプレーヤーを挙げてみると、グローバルに顧客を持つ主要プレミアムブランドとしては、ドイツの〝プレミアム御三家〟であるメルセデス・ベンツ、BMW、アウディ、それにポルシェ。その他に、イギリスのジャガー・ランドローバー、スウェーデンのボルボ・カーの名が挙がる。

アメリカ主体のブランドとしては、GMのキャデラック、フォードのリンカーン、ホンダのアキュラ、日産のインフィニティ。欧州主体のブランドとしては、フランスのシトロエンが展開を始めたDS、イタリアのアルファロメオ。

一方で、レクサスより後発の新興勢力も出てきている。アメリカのEVベンチャーのテスラモーターズは、今日すでに立派なプレミアムブランドの一員となっている。そしてつい最近、韓国の現代自動車が大胆にも「ジェネシス」（起源という意味）というブランド名でプレミアムセグメントに名乗りを上げた。

新興勢力を除くと、ライバルの多くは1世紀、ないしそれ以上の歴史を持っている。福市はレクサスのウィークポイントのひとつとして「我々は歴史が浅く、物語がない」ということを挙げている。たしかにブランドが発足してから2014年で25周年というのは、ライバルに比べると格段に短い。

だが、それはレクサスにとって、大きな弱点になるわけではない。母体であるトヨタのクルマづくりの歴史はもうすぐ80年。最初はアメリカ車の研究から始まった技術開発も、不断の努力を続けるうちに先発メーカーの大半を追い抜き、今は押しも押されもしない世界最高峰の一社になった。

「1989年にLS400が登場したときは、プレミアムブランドの立ち上げを成功させるため、当時は巨大ではあるが極東の安物メーカーというイメージだったトヨタとの関連性を匂わせなかったため、アメリカでは、いきなりレクサスというメーカーが登場したと思った人も多かった」（トヨタOB）

時には〝無謀〟ともいえるチャレンジを常に行っている

今日においては、レクサスを購入候補にする顧客の大半は、トヨタとレクサスの関係を認知しているという。別にそれでいいのだ。世界市場では技術のゆかりがどこにあるのかということより、自分が購入するブランドのクラスのほうを強く意識する。プレステージクラスであってもロールスロイスが格下のBMWの、ベントレーがフォルクスワーゲンの技術でつくられていようと、商品がブランドに見合った風格とつくりを持ち、クラスに見合ったサービスを受けられれば満足を得られるのであって、歴史はちょっとしたおまけ程度のものである。プレミアムクラスならなおさらだ。

世界の高級車の歴史を見ると、輝かしいものばかりではない。むしろ、経営危機や身売りなど、苦難の歴史を歩んできたブランドのほうが多いくらいだ。

2012年の秋、ドイツの文豪ゲーテが公国宰相となり、大バッハが音楽監督を務めたことで知られるドイツの古都ヴァイマールを訪れたとき、地下駐車場に、目も覚めるような精密で美しい曲面ボディを持つ古いクルマが停まっているのを見た。

ブランド名を見ると、「BORGWARD（ボルクヴァルト）」と書かれていた。帰国してから調べてみると、1920年創業で、一時はメルセデス・ベンツやBMWとも張り合う高級車として隆盛を極めたが、技術革新の波に乗れずに1961年に倒産したのだという。最近、そのボルクヴァルトは中国資本の出資で、中国市場向けにSUVをつくるブランドとして再出発を果たしたが、名前が残っていても、つくるものが凡庸であれば、とうの昔に忘れ去られた名声など何の意味もない。

プレミアムセグメントでチャレンジを行っているのは、レクサスだけではない。レクサスが挑みかかろうとしているドイツ御三家や、その他のプレミアムブランドも、実はレクサスと同様、厳しく、時には〝無謀〟ともいえるチャレンジを常に行っている。

プレミアムブランドの頂点に君臨するメルセデス・ベンツは、自分たちもいつかはプレステージのボトムエンドではなく、プレミアムステージのど真ん中に行きたいと強く願っている。儲かるからではなく、それを実現させることが彼らにとって〝プレステージ〟だからだ。しかしながら、ノンプレミアムのトヨタブランドがそのままではプレミアムと見てもらえないように、プレミアムのメルセデス・ベンツはそのままではプレステージと見てもらえない。そこで2002年、マイバッハというドイツの古い高級車ブランドを復活させてメルセデス・ベンツの上に置き、超高級車を出して挑戦した。ただし結果は惨敗で、ロールスロイスやベントレーの世界には行けなかった。

BMWはメルセデス・ベンツの最上級クラスであるSクラスに30年以上挑戦し続けている。アウディはその2社と違う方向性で独自の価値観を出すべく戦っている。ボルボ、ジャガーはドイツ御三家へ挑戦しようとしている。

では、最高級のプレステージクラスは安泰なのかというと、そうではない。プレステージクラスの上には高級船舶、飛行機、プレステージホテル、古城などが存在する。超高級スポーツカーを生産するアストンマーティン関係者が新型車の発表のために来日したとき、その一人は、

「我々は華やかに見えるかもしれないが、過度に存在を主張してはいけない。たとえばクルマを高級ホテルの前に置くときのことを考えてほしい。そこでの主役はクルマではない。

そのホテルの風格に花を添えるような存在でなければならないのだ」

と語っていた。ブランドというものは、かくも複雑なものなのである。

レクサスが直接競合すると思われる世界のプレミアムブランドたちは、どういう歴史を持ちどういうクルマづくりをしているのか、たどってみよう。

メルセデス・ベンツ

ドイツの重工業大手、ダイムラーの乗用車部門のブランド。プレミアムカーとプレステージカーを中心としたビジネスを、グローバルで展開している。

略史

ダイムラー・ベンツという社名は、19世紀後半、ほぼ同時期にエンジンを使って走る〝自動車〟を発明したゴットリープ・ダイムラーが設立したダイムラー・モトーレン・ゲゼルシャフト（ダイムラー自動車会社）と、カール・フリードリッヒ・ベンツが設立したライニッシェ・ガスモトーレンファブリーク・ベンツ・ウント・ツィエ（ライン川ガソリンエンジン製造ベンツ&ツィエ）の両社が1926年に合併して生まれたもの。1998

年にアメリカのクライスラーと包括提携契約を結んでダイムラー・クライスラーに、2007年に契約を解消してクライスラーがはずれ、現在のメルセデス・ベンツという社名になった。2人の自動車発明者を起源に持つ同社は文字どおり、クルマの元祖というべき存在である。

カールが世界で初めてガソリンエンジンを積む三輪自動車を製造したのは1885年で、翌1886年1月に特許を出願した。ダイムラーは1885年にガソリンエンジン搭載の二輪車をつくった。そして2人は同じ1886年に四輪自動車を完成させた。2016年はそれからちょうど130周年にあたるということで、世界で自動車生誕130年に関するキャンペーンを行う。起源を名乗れるブランドならではの、特権的なプロモーションだ。

自動車製造から130年、製造会社設立から起算するとさらに長きにわたる同社の歴史は、老舗らしく複雑で、また光と影の二面性を持っている。創業当初はレースカーや注文生産の乗用車を少量製作する〝牧歌的なメーカー〟だったが、1923年、ダイムラーに後にポルシェを創業するフェルディナンド・ポルシェが入社した頃から急速に高性能車、高級車の世界にシフト。2社合併後に発売した「SSK」は名スポーツカーに。ポルシェは1928年に退社するが、その後も大日本帝国の御料車やアドルフ・ヒトラーの公用車に使われた排気量7・7リットルの超大型車「770K」、過給器付き5リットルエンジン搭載の「500K」などの名作を続々と生み出した。

第二次大戦中、ダイムラー・ベンツは戦時体制のなか、乗用車、トラックのほか、航空機向けの水冷エンジンを大量生産した。そのエンジンを搭載したメッサーシュミット「Bf109」と、ロールスロイス・エンジンを搭載したイギリスのスーパーマリン「スピットファイア」は終戦まで激闘を繰り広げた。エンジン評価は大排気量で過給圧は低く設定されたダイムラーエンジンに対し、小排気量に高い過給圧をかける、今日でいうところのダウンサイジングエンジンであったロールスロイスに軍配が上がっている。後年、ロールスロイスの自動車部門がドイツのBMWに買収されたときは、イギリスの新聞は「グレートブリテンの空を守ったロールスロイスがドイツの軍門に降《くだ》る」とセンセーショナルに書き立てた。

戦争終結までに生産拠点の大半を空襲で失ったメルセデス・ベンツが本格的に戦後復興を果たしたのは、今日のSクラスの系譜の始まりである高級サルーン「タイプ300」をつくった1951年。1954年には今日、世界のコレクターやクルマファンの間で歴史的名車のひとつに挙げられているスポーツカーの「300SL」をつくる。1960年代になると中型セダン、アメリカで燃費規制が敷かれた1980年代にはそれにあわせてコンパクトセダンと、時代にあわせてバリエーションを増やしてきた。

モータースポーツにも1900年に国際レースが始まった頃から参画しており、100年以上の歴史を持つ。途中、1955年にフランスのル・マン24時間耐久レースで観客を巻き込み83人を死亡させる大事故を起こした。それが原因で30年近くモータースポーツから撤退していたが、今日ではメルセデスAMGがF1グランプリで最強のチームとなるなど、完全復活を遂げている。

ブランドの由来

メルセデスというブランド名は、合併前のダイムラー側に起源があった。1898年、ダイムラーの共同創設者でエンジニアだったカール・マイバッハにオーストリアの富豪で自動車レースに出場していたエミール・イェリネックが、ダイムラー社製のモデルをベースにレースカーをつくってほしいと依頼した。エミールはレースカーに愛娘の名、メルツェデス（メルセデス）の名をつけていた。ダイムラーのレースカーに満足したエミールは、潤沢な資金を使ってダイムラーの乗用車を販売することにしたが、その際にダイムラーという名前はドイツ語圏以外ではいかめしいというもっともらしい理由をつけて、自分の娘の名をつけるよう進言。ダイムラーはその提案を受け入れ、1902年にメルセデスを商標登録。ベンツと合併後、メルセデス・ベンツとなって今日に至っている。エンブレムである「スリーポインテッドスター」が最初に登場したのは1909年。装着されたのは合併前のダイムラーのメルセデスモデルで、陸、海、空の3つを束ねることをイメージしたものだったという。

BMW

航空機および航空機用エンジンファクトリーを出自とする四輪車、二輪車メーカー。四輪車はメルセデス・ベンツと異なり、乗用車専業である。

略史

第一次世界大戦真っ只中の1916年、航空機愛好家だったドイツ人技術者、グスタフ・オットーによって創業された。2016年は創業100周年である。グスタフの父、ニクラウス・アウグスト・オットーは今日、自動車用ガソリンエンジンの主流である「オットーサイクルエンジン」を最初につくった人物であった。

最初は飛行機製造会社であったが、翌1917年にエンジン製造会社を買収し、社名を現在のBMWに改めた。拠点は現在のバイエルン州都のミュンヘン。

BMW設立前から飛行機をつくってドイツの州軍に納めていたグスタフだったが、ほどなくドイツの敗北で第一次世界大戦が終結すると、航空機製造を禁止されてしまった。そこでグスタフは航空機の代わりになるビジネスとして、コンパクトな水平対向2気筒エンジンを使ったオートバイの製造を始めた。BMWにとって二輪車は四輪車以上に長い歴史を持つ、起源ともいえるビジネス。その点では、日本のホンダと似ている。

1926年、航空機部門を分離して、自動車専門会社になる。分離された航空機部門はバイエルン航空機製造という名で、翌年メッサーシュミットを吸収合併してドイツ最大の軍用機メーカーとなった。BMWが初めて自前の四輪車をつくったのは1932年であったが、その後は戦時色が強くなり、ドイツの主力戦闘機、フォッケ・ヴルフ「FW190」などに搭載する航空機用空冷エンジンを主体にエンジンの開発・製造に専念した。

戦後、BMWが四輪車の世界に戻ってきたのはサンフランシスコ講話条約で講和が成立した1951年。大型乗用車の「501」をつくったが、それが売れず、経営危機に陥った。その状況からBMWを救ったのは、大型高級車ではなく、安価な大衆車でもなく、その間の高級小型車だった。「新シリーズ」と称して1962年に小さいながらも仕立てがいいクルマとして「1500」を発売。今日とは異なり2灯式ではあるがくっきりとした丸目のヘッドランプ、細いピラー、広い窓など、今日のＢＭＷのスタイルを予感させる近代的なモデルで、大ヒット作となった。自動車メーカーとしての起源は、小さくて高級というプレミアムコンパクトだったのである。

１５００にはスポーツカーのように低い車高ではなく、セダンをそのまま2ドアにした、いわば2ドアセダンの「02」シリーズを発売した。これは大ヒット作となり、ＢＭＷの財政を大いに潤わせると同時に、ＢＭＷ＝スポーティな2ドアというブランドイメージがつくられるきっかけにもなった。１９７０年以降、ＢＭＷはより高性能な乗用車を志向するようになった。ＢＭＷはクルマの名前をすべて英字と番号で表記しているが、今日の3、5、7シリーズができたのはいずれも70年代であった。

プレミアムセグメントというイメージが定着したＢＭＷは、メルセデス・ベンツのように自力でプレステージを目指すのではなく、イギリスのロールス・ロイスとミニを買収。3ブランドでコンパクトからプレステージまでをカバーするという戦略を取り、今日に至っている。

ブランドの由来

ＢＭＷは航空機エンジン会社であった時代のＢａｙｅｒｉｓｃｈｅ Ｍｏｔｒｅｎ Ｗｅ

rke（バイエルン発動機製造）の頭文字を取ったものである。

エンブレムは丸いリングの中にバイエルンの選帝侯ヴィッテルスバッハ家が使っていた紋章の中で使われていた青と白をあしらったもの。エンブレムと並んで有名な、左右に分かれたラジエータグリル「キドニー（腎臓）グリル」はBMWの最初の四輪モデルから今日まで絶やすことなくつけられ、BMWの決定的なアイコンとなっている。

アウディ

四輪乗用車専業のフォルクスワーゲンの高級車部門。

元はフォルクスワーゲンより少し高級という位置づけであったが、1990年頃にアウディを本格的なプレミアムブランドに育てると宣言し、長い歳月をかけて〝ドイツ御三家〟と呼ばれる地位を獲得した。

略史

ドイツの自動車技師、アウグスト・ホルヒによって1909年に創業されたアウディ。

アウグストは自動車の発明者の一人、カール・ベンツのもとでクルマづくりに従事した後、

1899年に独立し、ライン川沿いのケルンに自動車メーカー、ホルヒを設立した。その後すぐ、ドイツの大作曲家ロベルト・シューマンの生地として知られる旧東ドイツのツヴィカウに拠点を移した。ところが、資金を提供していたパトロンとクルマづくりで対立したすえに会社を飛び出し、ホルヒの向かい側に設立したのがアウディだった。アウディはそれをもって創業と位置づけているが、後にホルヒと合併しているため、ホルヒから起算すればさらに長い歴史を持つことになる。

アウディは高性能車を主体に成長したが、アウグストの趣味ともいえるような凝ったクルマづくりが裏目に出て、経営は苦しくなっていった。四輪車事業に進出したばかりのドイツのオートバイメーカーDKWが1928年にアウディを買収。DKWはさらに高級車メーカーとなっていたホルヒ、大衆車メーカーのヴァンダラーを巻き込み、1932年に4社を統合した巨大自動車メーカー、アウトウニオン（自動車連合）が発足。ここでアウディのブランド名は消滅した。

ドイツメーカーはいずれも第二次大戦で大損害を被ったが、なかでもいちばんひどかったのは、旧東ドイツ圏のケムニッツに拠点を置いたアウトウニオンだった。工場をはじめほぼすべての施設を破壊されたうえ、占領軍であるソヴィエト赤軍によって残った財産も接収されて、消滅同然となった。

アウトウニオンは、旧西ドイツ圏に置いていた小さな子会社を足がかりに再興を果たす。ＢＭＷが拠点を構えるミュンヘンと同じバイエルン州にあるインゴルシュタットに拠点を置き、トラックや乗用車を生産。戦後復興需要でふたたび自動車メーカーとしての勢いを取り戻したが、その後もアウトウニオンは時代の波に翻弄された。

１９５８年、規模の拡大によってアメリカのビッグスリーのヨーロッパ進出に対抗しようと考えたダイムラー・ベンツによって買収され、１９６４年にはフォルクスワーゲンの手に渡った。

フォルクスワーゲンは、翌１９６５年、30年以上途絶えていたアウディのブランド名を復活させた。アウディはしばらくの間、大衆車をつくっていたが、フェルディナンド・ポルシェの孫で今日、フォルクスワーゲンの大株主となっているフェルディナンド・ピエヒを研究開発部門に迎えてから、アウディはメルセデス・ベンツ、ＢＭＷと異なるタイプの高速車への道を歩み始めた。

空気抵抗を減らすことを第一に考え、車両を安定させるフルタイム４ＷＤ機構「クアトロ」を実用化。歴史の波の中でプレミアムセグメントより格下になってしまったが、アウトバーンでの走りでは勝つというクルマづくりだった。

１９８５年、アウトウニオンはアウディＡＧへと社名を変更。その頃からフォルクスワーゲンはアウディを、高速車の技術イメージを生かして付加価値を上げられないかと模索しはじめた。1990年代になって、フォルクスワーゲンはクルマづくりから販売方式まで、アウディを高級車にすると宣言した。当時、ドイツ人ですら「アウディが高級車？　それはドイツジョークだ」などと揶揄する声を上げていたが、そのドイツ人が驚くほどアウディの付加価値は上がっていった。

今日でもメルセデス・ベンツ、BMWの下に位置するという序列は変わっていないが、2015年には世界での年間販売180万台を達成する一大ブランドに成長した。

ブランドの由来

アウグスト・ホルヒが自分で創立した自動車メーカー、ホルヒから飛び出し、あらためてホルヒの名を冠する会社をつくったが、裁判所から名称使用禁止の決定が下った。そこでホルヒは自分の苗字Horchがドイツ語で「聴く」という動詞Horchenに似ていたことから、同じ意味のラテン語動詞「Audire」に置き換え、Audiと名乗るようになった。エンブレムの4つの輪は合併前の4社、すなわちアウディ、DKW、ホルヒ、ヴァンダラーの4社がひとつになったことを意味するもので、かつては4つの輪の中にひとつずつ社名が書かれていたという。

今行っていることはすべて歴史になる

　レクサスのライバルは他にもあるが、こうして各ブランドの歴史やキャラクターをあらためて見てみると、歴史の重みというものが、顧客にとっていかに意味の薄いものであるかが浮き彫りになる。しかも面白い歴史、チャレンジし続けた歴史は、ノンプレミアムを含め、すべての自動車メーカーが持っているのだ。

　意味があるのは、むしろブランドをつくっていく当事者にとってである。悔いが残らないよう本当にいいことをやってきたかどうか、今は何をやるべきなのか、将来どうなりたいのか、気持ちにうそはないのか等々、自分を顧みるのに必要なのが歴史なのだ。

　別のいい方をすれば、今行っていることはすべて歴史になる。レクサスが50周年を迎えたとき、今の取り組みが後世の顧客やレクサス関係者が「よかったね」と振り返るものになりそうかどうかということに思いを馳せれば、自然と今やるべきことが見えてくるというものだろう。

　その意味では、レクサスブランドに独自のキャラクターを持たせようとしている現在の取り組みは、非常に前向きであるといえる。

ブランドイメージの構築に苦労してきたとはいえ、販売品質についてはすでに高い評価を得ている。アメリカだけでなく、〝おもてなし〟をキーワードにサービスの有り様を模索している日本国内でも、

「レクサスに対するお客様のロイヤリティ（忠誠度）は高いと思っています。国内展開から10年が経ちましたが、レクサスから他ブランドに行かず、レクサスに乗り換えるお客様の割合は、他の高級車ブランドと比べてもきわめて高いんです。直近では、輸入車からお乗り換えいただくお客様も増えています」

と、前出のレクサス国内営業部部長を務めた成瀬明はいう。

クルマ自体に明確なキャラクターを持たせ、他のプレミアムセグメントと四つに組めるような味づくりを深めていけば、日本でも年間販売5万台という第1目標を軽くクリアできるときはすぐにでも来るであろう。そうやってクルマづくり、ブランドづくりを一歩一歩、自らの哲学、信念に基づいて行っていけば、50周年を迎える頃には、歴史もまたいいもの、誇らしいものになっているに違いない。そうなった暁には、迷いや混乱、無謀なチャレンジなど、失敗の数々もいい思い出として語られるようになる。

レクサスブランドにかかわる人々が哲学、信念をどう培い、育てていくかということが、実はレクサスが次のステージに飛躍できるかどうかの最大の分かれ目なのである。

第6章

世界ブランドを確立できるか

このデザインは原画のカッコよさを本当に表現できているのか？

２０１１年12月のスピンドルグリル採用を端緒に、デザイン改革、ブランド改革を進めてきたレクサス。福市が来たとき、すでにデザインが出来上がっていたＧＳは、全体はそのままで前面だけをスピンドルマスクにするという〝急造改革〟でデビューしたが、スポーティセダンのＩＳ、クロスオーバーＳＵＶのＮＸ、スポーティクーペのＲＣ……と、その後に続いたモデルは保守的なデザインから一転、攻撃的なデザインへと急速に装いを変えてきた。また、デザイン改革以前に発売されたクルマもフロントフェイスのデザインを大改修し、スピンドルグリルつきの顔に変えるなど、イメージチェンジに懸命である。

しかしながら、人間というものは、改革を叫んでも急にガラリと変われるものではない。社長の章男は、

「三振してもいいからバッターボックスに立とう」

と、レクサスのみならず、トヨタ全体に呼びかけている。

「全力で事に当たって失敗すれば、それは経験として残る。貴重な財産だ。何もしなければ失敗はしないが、何も残らない」――それらは当たり前のことなのだが、その当たり

前を実行するのは難しい。

２０１５年10月、レクサスインターナショナルは、最大の稼ぎ頭であるクロスオーバーSUVのRXをフルモデルチェンジした。鋭い目つきと巨大なスピンドルグリルによる特徴的なレクサスフェイス、滑らかな連続面ではなく複数の面を複雑に組み合わせた第1世代ステルス戦闘機を連想させるようなボディ……。

デザイン改革を推し進める福市は２０１１年以来、一貫して、「単にカッコいいだけではダメだ。他にないものをつくれ」といい続けてきた。RXはIS以降、急速に先鋭化した新しいレクサスデザイン第1弾の集大成というべきモデル。他にないようなものをつくるということに徹底的にこだわったデザイナーの思いは、その姿から十二分に伝わってくる。

このRXの開発には、実は一つ逸話がある。開発中、すでに生産型の仕様が決まった後で、実に2カ月をかけてデザインをもう一度やり直したのである。

きっかけは、章男の一言だった。開発スタッフ全員がこれでいいだろうと決めたデザインを見て、

「おい、このデザインは原画のカッコよさを本当に表現できているのか?」

といったのだ。

開発陣はハッとしたという。クルマの形は、何でも自分の思いどおりにできるわけではない。クルマの形にはつくりやすいものとつくるのに手間がかかるものがある。当然後者のコストが高く、場合によってはそのために生産設備に新たな投資をしなければならない。常にそういう制約の中で仕事をするデザイナーは、ややもすると〝こうありたい〟という自分の気持ちに知らずしらずのうちに自主規制をかけてしまいがちになる。三振してもいいからバッターボックスに立てという言葉の重さと難しさが、浮き彫りになる部分である。

やりきらないで出すより、遅れてでもやりきれ

しかし、章男は決して「やり直せ」と命令したわけではなかった。役員時代にレクサスにかかわっていたとき、また社長になってしばらくの間は、あれこれと口を出していた。ラージクラスセダンのGSのときなど、開発後期の段階で試作車をアメリカでテストドライブし、その出来に、

「ルーティンワークでモデルチェンジするくらいならやめてしまえ」

といったという。開発にかかわったエンジニアの一人は、

「章男さんはトヨタでいちばんクルマのことをよく知っていますから」

と、萎縮した様子だった。レクサスを変えたいと思うあまりに出た言葉だろうが、逆効果だった。

章男もそういう失敗の経験を通じて、経営者としての度量を高めてきた。最近は口出しすることも少なくなり、現場に任せるようになった。

「章男さんの決まり文句は『やりきったか』と。いわれたほうはみんなハイと答えるのですが、直接対話しているわけですから、本当にそう思っているかどうかなんてすぐわかってしまう。実際のクルマからも感じ取れる。で、本当にやりきったというときは『わかった。君がそういうならいいだろう』と、GOサインが出ます」

とNXのデザイナー、蛭田洋はいう。

決まったデザインを大幅に直すとなれば、生産準備も含めて相当の時間がかかる。福市とて逡巡する場面であったが、章男は、

「やりきらないで出すより、遅れてでもやりきれ」

といったという。

章男にしても、福市にしても、自分が開発に口を出し、手を下して事を運ぶのは簡単なことだが、2人とも永久にそこにいるわけではない。いずれ世代交代するときがくる。

「自分たちがいなくなっても後世の人間が夢を受け継いで、過去の歴史に敬意を表しなが

ら、レクサスというブランドの立ち居振る舞いやクルマづくりを時代時代にふさわしいものにしていってくれる」というよいサイクルをつくる。それこそが2人の仕事、すなわちブランドづくりであり、それはまだ始まったばかりなのである。

ここまで長きにわたってプレミアムセグメントの話をしてきたが、実はプレミアムという概念は実体があるものではない。つくり手が「我々は高級品です」と宣言しただけで顧客がそう思ってくれるような簡単な話ではない。むしろ、自分で自分のことを〝プレミアム〟と称するのは禁じ手だ。あくまでモノづくりを通じて顧客の側に「このブランドは何から何まで高級なんだな」という定評が生まれて、初めてプレミアムらしきものと認識されるようになるのである。

今後25年、どんなブランドづくりを目指すのか

さて、次の25年に向けて歴史を刻んでいる真っ最中のレクサスだが、どういうクルマづくり、ブランドづくりを目指すのだろうか。

まず、クルマづくりについて考察してみよう。純粋なハードウェアについては、技術不足と思われる点は何ら見当たらない。エンジン、変速機、ハイブリッドシステム、車体の

材料や設計等々、ほとんどの分野で〝合格点〟である。

まずは、クルマの魅力を大きく左右する要素の最右翼である動力システム。ガソリンエンジンについては、熱効率の面では世界トップクラスを走っている。熱効率とは、燃料を燃やして発生する熱のうちどのくらいをクルマを走らせる運動エネルギーに変えられるかという割合を示す数字である。この数字が高ければ高いほど、同じ燃料の量でより大きなパワーを発生させることができる。

トヨタのエンジンの熱効率は、ハイブリッドカー用で最高40パーセント、大衆車用の高効率エンジンで同38パーセントと、ライバルと比較してもトップランナーの部類に入る。

レクサスはハイブリッドについては先進的であった半面、普通のエンジンについてはプレミアムセグメントのライバルに比べて見劣りするようになっていたが、2014年に排気量2リットルのダウンサイジングターボを展開。2015年にはGSの3・5リットルV型6気筒エンジンを大幅改良型に載せ替えるなど、更新に取りかかっている。近々、さらに少ない燃料で大きなパワーを出せる新しいエンジンを載せるともいわれていて、そうすればクルマの魅力はさらに向上することだろう。

ハイブリッドはトヨタのお家芸ともいえるもので、少なくとも他社に後れを取るようなことは当面ないだろう。ディーゼルについては、ハイブリッドにウェイトを置くぶん、手薄になっているが、同じプレミアムブランドで提携関係にあるBMWから調達するなど、補強策は打っている。

車体については、現行ISでボディの溶接法や、溶接に頼らない接着剤加工の導入など、ボディを強くつくるための新技術により、プレミアムセグメントらしいクルマづくりを実現させつつある。近いうちにより先進的な車体、シャシーづくりのための工法「L - TNGA」が導入される予定だ。これはトヨタが2015年12月、プリウスで初採用した「TNGA」（Toyota New Global Architecture）のレクサス版で、後輪駆動用のものである。TNGAでつくられた現行プリウスを短時間テストドライブしてみたところ、古いシステムに比べてハンドリングや乗り心地が大幅に向上していた。レクサスへの新工法採用も、クルマの性能を上げるのには大いに貢献するだろう。

内外装の素材技術も、日本の伝統工芸を利用するなどしていて充実している。たとえばレクサスGSの木質ステアリングには竹素材のオプションがある。これは高知県の猟銃、ライフル銃メーカー、ミロクの手によるもので、銃のグリップをつくるための技術を転用したものである。こうした挑戦には積極的だ。

先進安全技術やテレマティクス（テレコミュニケーションとインフォマティックスからつくられた造語で、移動体に携帯電話などの移動体通信システムなどを利用してサービスを提供することの総称）も十分な水準にある。クルマの衝突回避のための予防安全についでは他社に比べて展開が遅れていたが、昨今猛烈に巻き返しを図っており、日を追って充実したものになっている。また、車両のセンサーについては重大事故が発生したことを検知した場合、即座に位置情報を情報センターに伝え、ドクターヘリを飛ばす仕組みも導入された。

レクサス「ＩＳ」試乗記

筆者は過去にレクサスＬＳ、ＧＳ、ＨＳ、旧型ＲＸ、ＬＦＡ（テストドライバーの同乗試乗）などをテストドライブした経験があるが、本書執筆にあたり、さらに最新モデルのうちＩＳ、ＮＸにそれぞれ約８００キロメートル乗って試してみた。どちらも「Ｆスポーツ」という走りの性能を高めたスポーティ版である。Ｆとはトヨタの所有するサーキット、富士スピードウェイの頭文字で、そこで徹底的に走りを煮詰めたことが売りだ。はたして、クルマとしての実力値は、単に品質一点張りだった時代とは比べ物にならないほど進化していた。

ＩＳの試乗車は、ハイブリッド「ＩＳ３００ｈ Ｆ Ｓｐｏｒｔ」。レクサスモデルの車名はメルセデス・ベンツと同様、ＩＳ、ＲＸなどモデルを表すローマ字部分の後ろにエンジンの排気量を表す数字をくっつけてつくられている。３・５リットルエンジンを積むＩＳであれば「ＩＳ３５０」となる。

では、試乗したモデルは３００だから3リットルかといえば、そうではない。エンジンは１７８馬力の２・5リットルなのだが、エンジンの他に電気モーターを装備しており、エンジンとモーターが同時に出せるハイブリッド出力の最高値は２２０馬力に達する。これが3リットルクラスに相当するということで、数字を２５０ではなく３００にしているのだ。車名の末尾の小文字hがハイブリッドを表す記号である。

このハイブリッドパワートレインの能力は高く、スロットルを強く踏み込めば、１６７０キログラムというDセグメントとしてはかなり重いＩＳのボディを、文字どおり翼のように軽々と加速させる。エンジンは回せばまわすほどパワーが出るのに対し、モーターは低い回転数が得意。互いに苦手な部分を長所で補い合うため、低い速度からでも強力なパワーを出せるのだ。

燃費は高速道路を主体に走ってガソリン1リットルあたり15キロメートル台と、非常にいい。クルマのメーター内に表示される燃費計を見るかぎり、おとなしく走れば排気量１・3リットルクラスのベーシックカー並みの燃費で走ることもできそうだった。

ISのもうひとつの美点は、デザインだ。外観も非ドイツ的なテイストの独特なシャープさを持つが、それ以上に特徴的なのは、レクサスがこのところ特に力を入れているインテリアのデザインだ。シートカラーは5色、天井などのトリム材は3色が用意され、中に乗り込んだときの華やいだイメージはいかにもプレミアムセグメントという雰囲気だ。

インパネは経年劣化に強い柔らかい素材をミシンで縫い合わせた質感の高いもの。その縫い目は通常、2列になるのだが、トヨタはそれをシンプルに1本の縫い目で綺麗に縫い合わせる技術を開発した。実物を見ると、縫い目が控えめで煩《わずら》わしさを感じさせない。各部に配されたサテン（つや消し金属）調の装飾部品も、モダンで慎ましやかな品質感を主張している。ISが属するプレミアムDセグメントのライバルで、インテリアにこれだけ凝った造形を持っているものは少ない。メルセデス・ベンツのCクラスと並ぶエモーショナル型インテリアの双璧といえるだろう。

レクサス「NX」試乗記

もうひとつの試乗車は「NX200t」。こちらは排気量2リットル。車両重量1800キログラムという重いボディに排気量2リットルでは力不足というイメージを持たれるかもしれない。だが、こちらは末尾の小文字tが示しているように、ターボエンジンで、出力はハイブリッドより大きい238psあり、中型プレミアムSUVにふさわしい俊敏な加速力を持っていた。足回りも強固で、安全に速く走れるモデルである。燃費も重量1・8トンという重量級SUVでありながら、高速をメインに走ってガソリン1リットル当たり12キロメートル台と、トヨタのエンジン技術の面目躍如という数値をマークした。

そのNXのインテリアもつくりはきわめて丁寧だ。

試乗車にはワインレッドの本革シートが装備されていたが、その色合いはマッシブ（力強い）さをキャラクターとするISよりも少し暗めのものにしたという。自動車メーカーにとって、多くの内装色を用意することは結構手間のかかることだ。レクサスはそれを押して、モデルの性格に合わせて色調を変えているのである。

〝おっ〟と気分が少し上がるような演出

インテリア全体の造形も、セダンのISに対し、クロスオーバーSUVらしい力強さを表現した独特の味を持っていた。クロスオーバーSUVの場合、プレミアムセグメントであってもインテリアの細部はわりとそっけない仕上がりだったりするものだが、その中でNXは異例といっていいほどディテールまできっちりとデザインし尽くされていた。

単に質感の高さだけを求めるというだけなら旧来のレクサスと同じなのだが、そこにありきたりのデザインではなく、オーナーが乗るたびに〝おっ〟と気分が少し上がるような演出を盛り込んでいるのが、過去とひと味違うところだ。外見もISに劣らず、新世代レクサスの個性を前面に押し出したものに仕上がっている。

この2車や新しく発売されたRXは、まさにレクサスが新しく目指す〝ファッション性〟を体現するモデルといえるだけの〝濃いクルマ〟だ。価格の高いクルマに乗るのだから、ちょっとインパクトが強いモデルを選びたいという顧客にとって、レクサスが購入リストに加わりうるモデルになってきたのは、喜ばしく感じられることだろう。

躍動感豊かなこれらの新世代モデルに対し、以前から売られているレクサスは、インパクトの点ではいささか見劣りするのは否めない。だが、レクサスはそれらのモデルについても、単にスピンドルグリルを中心とする〝レクサス顔〟を与えるだけでなく、乗り味についても大幅なファインチューン（細かい味つけの調整によって乗り心地や操縦性を改善すること）を施すなどして、商品力を上げている。

それらレクサス顔になった旧来のモデルを、単なるデザイン変更モデルと思って乗ると、デビュー当初と比べて味つけが大幅に異なっていて驚かされる。章男の思いである「レクサスを、本物を知るお客様が最後に選ぶクルマにする」という夢は、少しずつではあるが確実に前進している。

まだすべてが足りないといってもいい

もっとも、レクサス関係者たちは今のレクサスが達したレベルで満足しているわけではない。世界のライバルに優越し、レクサスが独自の価値を顧客に見出してもらえるようになるための戦いは、まだ始まったばかりだ。

「我々レクサスは、まだチャレンジを始めたばかりということなんです。現状では、時々〝おっ、ちょっといい線いっているかも〟と思われるくらいの存在でしかない。本物のブランドになるには、まだすべてが足りないといってもいい。今のレクサスは、日本のスポーツ選手が国際大会でたまたまいい成績を収めたようなものです」

福市は、レクサスの今のポジションについてこう語る。

スポーツの国際大会でいい成績を収めたといえば、テニスの錦織圭、ゴルフの松山英樹などがそうだ。2015年にはラグビー日本代表が世界トップクラスの強豪、南アフリカを相手に歴史的な勝利を挙げた。彼らの努力や偉業は素直に賞讃されるべきもので、その価値は大きなものだ。だが、そういう戦いが偉業と呼ばれるのは、まだ世界のトップレベルに本当の意味で及んでいないことの証しでもある。レクサスは今、そういう存在なのだというのが、福市の素直な思いなのだ。

「レクサスも最近はなかなかよくやっているね、といわれるケースが増えてきました。でも、本当の強者だったらそうはいわれない。よくて当たり前ですからね。メルセデス・ベンツは、クルマを発明した会社ですよ。あの会社が『これこそがクルマだ、これはクルマではない』といったら、そうなってしまうような存在です。それに対してレクサスが対等な存在になるには、我々にはこれがあると心からいえる得意技、できれば彼らが持っていない唯一無二のものを持ち、世間がそれをいちばん素晴らしいと思ってくれて、初めて次のステージに進めるのです」

単なる絶対評価であれば、レクサスは間違いなくいいクルマの部類に属するが、戦う舞台はプレミアムセグメントだ。相手はさまざまな哲学、美意識、センス、クルマの味についての見識を培ってきた強敵たちだ。その世界で〝いちばんいいね〟と顧客が歓声を上げるようなクルマをつくれるようになったとき、初めてレクサスは名実ともに世界の名品になれる。そのレベルに到達するまでの道のりは、まだまだ遠い。

レクサスの「動的質感」を問う

印象的な内外装、静粛性の高さ、高い品質や故障の少なさなど、数々の美点を持つレクサスだが、弱点のひとつとして残っているのはクルマの味つけだ。単に安全に、速く、あるいは燃費よく走らせるという一般的なクルマの評価軸ではなく、クルマが加速したり曲がったりする瞬間、どういう動きがドライバーに伝わると嬉しくなるか、運転に夢中にさせられるかといった、まさに人間だけが知る感性の領域である。

クルマはよく、単なる移動手段だといわれることがある。これは実に正しい意見だ。どんなクルマも、その本質は移動手段でしかない。その移動にかかる時間やプロセスが楽しいものであるかどうかは、人生の楽しみを大きく左右する。

たとえば東京から北九州まで、高速道路を使っても休憩を含め半日以上かかる。一般道なら2泊3日だ。その移動が単なる無機質なものにすぎなければ、移動時間は限りある人生の時間の浪費になってしまう。もしクルマが、アクセルを踏んだりハンドルを切ったりした瞬間、ドライバーに喜びを感じさせるような味つけを持っていたら……。あるいは安心感に満ちた操縦性や視界を持っているおかげで、道中の至るところにあるちょっとした面白いモノに気づく余裕が生まれるとしたら……。

こうしたクルマの味は、自動車業界では〝動的質感〟などと呼ばれている。先進国のメーカーはプレミアム、ノンプレミアムを問わず、どこもこの動的質感を上げるのに懸命だ。その激しい競争の中で、レクサスが今後どこまで味を高めていくのか。それは、目指す世界がどのくらいのレベルを目指しているかによって違ってくる。

プレミアムブランドとひと口にいっても、その中身はさまざまで、定義はない。圧倒的な保守本流、それに対するカウンター勢力を目指すもの、ファッション性重視、あるいはちょっぴり高級等々。それぞれのブランドが示す価値観、モノづくり、センスなどに顧客が引き寄せられ、余分にお金を支払えば、それはもう何でもプレミアムである。

「移動することの快感」を知っている顧客

レクサスがもし、ファッショナブルなもの、一風変わったものを求める顧客だけをターゲットにするのであれば、今の路線を大きく変える必要はない。クルマの味の部分をもう少し上げれば、その水準の顧客の大半は納得するだろうし、このところ格段に独自性を強めている内外装のデザインも歓迎されることだろう。俗にプレミアムカジュアルなどと呼ばれるブランドづくりである。

レクサスは、そのレベルにとどまっていていいブランドではないはずだ。クルマ離れが進む日本では、クルマでの長旅はお酒を飲めないから嫌だという人が多い。移動が単なる時間の空費だったらそう思うのは当たり前だ。しかし、本当に運転することが面白いクルマをドライブし、さまざまなルートを通り、長距離ドライブの楽しさの神髄に触れた人の場合、意見が違ってくる。酒は飲めないかもしれないが、酒のためにクルマを我慢するくらいなら飲まない、と考えるようになり、そういう人は、ヨーロッパを中心に相当数いる。

素晴らしいクルマ、さまざまな道、走れば必ず変化する風景などが一体となった「移動することの快感」を知っている顧客こそが、本物を知る顧客なのだ。そういうクルマを増やすことができれば、日本でもクルマを素晴らしいもの、自分の人生を彩る大切な存在と考えてくれる人が増えるに違いない。それは日本のクルマ文化の再構築であり、日の丸プレミアムの旗手たるレクサスが目指すべき世界なのだ。

レクサスは最新モデルであっても、基本性能を超えた動的質感については、まだドイツ御三家をはじめとする世界のプレミアムブランドのクルマたちに及ばない。

クルマは走りの味ばかりではないというういい訳がきくのは、日本やアメリカの西海岸くらいだ。とりわけ欧州では、クルマの走りに対する顧客の要求は日本では想像できないくらいに高く、それに応える性能と動的質感を持たせることが、ファッション性以前に大前提となる。

ハイレベルな「味つけ」をモノにできるか

日本の道路といえば、高速道路が制限時速約100キロメートル、一般道が同60キロメートルくらいと、世界で最も遅い部類に属する。プレミアムブランドの根拠地欧州では、最高速度無制限区間を有するドイツを筆頭に、高速道路はおおむね制限時速120〜130キロメートル。自動車専用の無料バイパスが、制限時速110キロメートル前後。もっと差がつくのは一般道で、オーストリアやドイツは制限時速100キロメートル、他の国々も同90キロメートルが一般的である。その一般道だが、欧州はまっ平らな平原ではなく、アルプス、ピレネー、タトラ、エルツなど、さまざまな山脈があり、その山間をものすごいワインディングロードが走っている。その大半も普通の道路と同じ制限速度。あとは〝自己責任で走りなさい〟という文化だ。

トヨタのクルマをベースに性能を高めた「G's（ジーズ）」ブランドのベテランテストドライバーはいう。

「私も部下と共にそれらの道を走ってみましたが、とにかく運転がうまい人が多い。いちばん驚いたのは、普通のファミリーカーを初老の女性がドライビングしているのを見たときです。前の方に走って行かれてしまって、これはさすがにどこかで抜くべきかと思っていたのですが、ルートを熟知していると見えて、舌を巻くほどの速さでした。荒れているルートも多く、アンジュレーション（路面のうねった箇所）を通過すれば、たとえ高性能車であっても足にしなやかさがないとたちまちグリップを失ってしまう。そんな過酷な道をスポーティに走ることも、欧州の人たちにとっては特別なことではなく、むしろ楽しんでいるくらいですね」

プレミアムセグメントの顧客が皆、そういう道を好んで飛ばすわけではないが、走りの性能へのニーズはノンプレミアムと比べて格段に高い。何しろ制限速度90キロメートルの山岳路である。たとえ流しているだけでも、クルマのよし悪しは一瞬にしてバレる。動きだけでなく、荒れたルートで乗り心地が悪かったりすると、即座に不満を持たれてしまう。BMWやメルセデス・ベンツがサーキット走行だけに特化したセッティングをせず、一般公道を速く走ることを念頭に仕立ててあるのは、そういう顧客の厳しい要求に応えるためである。レクサスが本物を目指す場合、そういったハイレベルな味つけをモノにしていかなければならないのだ。

どういう顧客にいちばん愛されたいのか

レクサスに、そういうチューニング能力がないというわけではない。これは短時間テストコースやミニサーキットを走っただけの印象だが、そのG'sチューニングを受けた国内向けプレミアムセダン「マークX」は、プレミアムセグメントの一流どころには及ばないが、きついアンジュレーションがあるような路面でもサスペンションはしなやかに動いていた。もちろん、価格は通常モデルに比べて相応に上がる。トヨタの研究開発の仕切り役である副社長の加藤光久は、

「本当ならこれくらいのレベルのクルマにして売りたい。でも、トヨタブランドではそれだけのお金を出してもらえない。お客様にトヨタは高いけどそのぶんいいクルマなんだと認めていただけるようになったら、G'sブランドは役割を終える。いつか、そうなりたいものだね」

と語っていた。車両価格が高く、コストに余裕のあるレクサスは、もっと本気になれば、G's MARK Xと比べても、もっといいクルマにできる可能性は十分に持っているし、またトヨタマンたちのそういう思いをしっかり受け止められる存在であるべきなのである。

なぜG'sでいい味を出せるのに、レクサスはそれを超える存在にならないのか。大きな要因は、レクサスがどういうブランドを目指すのか、もっと平たくいえば、どういう顧客にいちばん愛されたいかというアイデンティティを今もまだハッキリと持てていないことにある。初代レクサスデザイナーの内田邦博は、ブランドのテーマがお題目でなく、皆がその精神、哲学のもとに結束するような基盤ができないかぎり、顧客に振り回されることは避けられないという。

「レクサスはアメリカ生まれで、アメリカのニーズを聞くことで育ってきた。それを日本で売る場合、今度は日本の顧客のいうことも聞かなければならなくなる。欧州もそう。すると、クルマとしてはどんどんピントがぼける。お客様のニーズを聞くというのはいかにも正義がありそうなことですが、それは往々にして自分を確立することからの逃げに使われる。レクサスの成功はどれだけトヨタでなくなれるかということにかかっているのですが、それではトヨタと何が違うのかということになってしまう」

ハイブリッドにも味が求められる

試乗したFスポーツというグレードは、富士スピードウェイで走りを磨いたことを売りにしている。レクサスは、それが顧客に感動を与えるためのベストの方策だと思ったのだろうか。サーキットは確かにきわめて過酷な道で、そこを走らせるのはクルマを鍛える手段のひとつだが、サーキットの路面は一般道とは比較にならないくらい綺麗だ。そのサーキット走行に目が行きすぎたことが、ISについては性能ばかりが高くなり走りの高揚感が足りず、NXは建設年次が古く、路盤の荒れがきつい東名高速道路で乗り心地に満足できなかった可能性が高い。

レクサスに足りないのは技術ではなく、「プレミアムセグメントにとってスポーティとは何なのか、ドライビングの楽しみは何なのか」という「哲学」なのである。

哲学の不足は、ハイブリッドにも表れていた。ハイブリッドはエンジンを効率よく使えるという点では、間違いなく優れたツールである。それを単に燃費や動力性能だけでなく、乗り味の部分で普通のクルマに対して決定的にアドバンテージを持つものに仕上げられたら、それはひとつの武器になりうるが、残念ながら現状ではそれができていない。

ハイブリッドは燃費規制が強化される昨今、きわめて重要な先進技術になっているが、プレミアムセグメントにおいては、ハイブリッドの存在感は薄い。日本に次いでハイブリッドが人気のアメリカでも、ことレクサスとなると、ハイブリッド比率が高いRXやESでも1～2割程度。GSはシステム出力が約350馬力というハイパワーハイブリッドをラインナップしているが、月平均2000台ほどが売れるなかで、ハイブリッドは月平均15台程度。それより下のISは、日本と異なりハイブリッドそのものをラインナップしていない。トヨタだけでなく、他のプレミアムセグメントもハイブリッドは軒並み不振だ。ではハイブリッドはダメなのかといえば、それはまったく違う。プレミアムセグメントでハイブリッドが不人気なのは、現在のハイブリッドの性格が、日本以外の地域でプレミアムカーに乗る顧客にとって、面白く感じられないからだ。

高級車の顧客は保守的だからという分析をよく見かけるが、ただのいい訳だろう。経済力に余裕がある顧客は、本当に面白いと思ったらむしろ高価なもの、変わったものに喜んで飛びつく傾向がある。

ハイブリッドはレクサスの存在感を上げるトリガーになりうる可能性を秘めた技術であるが、燃費やハイブリッド独特の乗り味などをいい訳にするかぎり、そんなときはやってこない。ハイブリッドだから素晴らしいんですよ、ではない。乗ってみたら、他のクルマがくだらなく思えるくらい楽しかった。話を聞いてみたらそれはハイブリッドだった——という順序が成立するようなモノづくりが求められる。そのためには、面白くないと思われてしまう原因をクルマづくりにかかわるエンジニアたちが、体感で気づかなければならない。ハイブリッドにも味が求められるのが、プレミアムセグメントなのである。

「これも、急に理想をすべて実現させることはできない。人間が年齢を重ねていろいろな人生経験を積み、人格、教養が備わってくると、それが顔に表れてくる。それと同じで、デザインもまずはチャレンジし、やりすぎるくらい思いきりやってみる。そういう経験から、次第に自分たちは何をなすべきかということを掴んで、初めて含蓄のあるものになっていく。僕がレクサスに歴史がないといっているのは、それなんです。走りもそうですが、欧州メーカーがやっている最後の味つけは、今もまだわからないんですよ。でも、我々は絶対にそれをやれるようになりたい」

とレクサスの福市得雄プレジデントはいう。

クルマの動的質感で、ライバルに肉薄できるか

トヨタは2011年、BMWと提携した。燃料電池やハイブリッドなどの環境技術をトヨタが供与し、BMWはトヨタに炭素繊維を使った軽量なクルマづくりの技術を供与。また、両社共同でスポーツカーをつくるなど、その範囲は幅広い。

開発現場ではすでに両社のエンジニアの交流が進んでいるというが、

「味を学ぶのは、やってみると簡単じゃないんですね。まるで巨人軍の終身名誉監督であ

る長嶋茂雄さんが〝どうやったら打てるのかって？　バットを振れば当たるんだよ〟というように、ＢＭＷのエンジニアやマスタードライバーも〝普通にセッティングするんだ。そうすればできるんだよ〟という。そこがわからないから聞いているわけですが、やはりそこは数値やマニュアルじゃないんですね。もしかしたら、ヨーロッパに住まないとわからないのかもしれません」（福市）

レクサスは他にないデザインのものをつくることで、ファッショナブルでセンスあふれるブランドになることを目指している。だが、それでレクサスを光る存在にするには、クルマの動的質感で、少なくともライバルに肉薄するくらいになることが最低条件である。

さて、レクサスが看板にしようとしているファッショナブル、センスという部分だが、これはある意味、クルマの動的質感以上に難しい。デザインやファッションには正解というものがないだけに、自分で〝これがセンスあるデザインですよ〟と強弁することが可能な半面、トレンドは刻々と移り変わるもので、レクサスが常に新しいムーブメントの端緒を拓ける存在であり続けるのは、よほどのセンスとオリジナリティがないと難しい。また、自らの提案するファッションの魅力を顧客に伝えるのも簡単ではない。

クルマのデザインに力を入れているのは、なにもプレミアムセグメントだけではない。世界中の自動車メーカーが、我こそはと、独創的な提案をしている。

日本勢でいえばマツダがそうだ。マツダは昔からデザインに力を入れており、バブル時代には独創性の高いデザインを連発。マツダ自身はその果実を食べられないまま経営危機に陥ったが、マツダデザインは高く評価され、欧州の多くのメーカーに影響を与えたほどだった。

これからはエモーショナルですよ

また、マツダ出身のデザイナーが数多く欧州に渡り、現地で活躍した。近年、「魂動《こどう》」という新しいデザインコンセプトに基づいたクルマづくりをしたところ、再び世界で脚光を浴びるようになった。2012年に発表した中型セダン「アテンザ」や2015年に発表した小型クロスオーバーSUV「CX‐3」をはじめ、きわめて躍動感に満ちたデザインが多く、形だけでいえばすでにもうプレミアムセグメントの域である。

マツダの例は一例にしかすぎず、今日では先進国メーカーだけでなく、韓国の現代自動車や中国メーカーを含め、ほぼすべてのメーカーがデザインで名乗りを上げようと懸命である。その中で、顧客の平均的な感覚がより鋭いプレミアムセグメントで存在感を出すというのだから、レクサスの目標はきわめて野心的である。

２０１５年の東京モーターショーで発表した大型セダンの燃料電池コンセプトカー「ＬＦ－ＦＣ」、２０１６年の北米モーターショーで発表したラグジュアリークーペの「ＬＣ」など、これまでのデザインともまた異なる、大胆な装いを連発させているあたりからも、その並々ならぬ熱意は見て取れる。

福市はレクサスが目指すデザインテイストについて、

「これからはエモーショナルですよ」

と語る。

メルセデス・ベンツは最も権威的なデザイン

顧客がレクサスをひと目見て、単に独自性の高い外見だというだけでなく、何と情感的なんだと感心してもらえるくらいになれば、レクサスはプレミアムセグメントの中で独自のキャラクターを持つオンリーワンになりうる。レクサスのライバルとなるプレミアムブランドは、実は地味なデザインのものが多いからだ。

最も権威的なデザインといわれているのはメルセデス・ベンツだが、実物を見ると、イメージとは裏腹に、今も昔もキラキラとしたはでやかな装飾はほとんど持っていないフロ

2015年10月の東京モーターショーで展示された
レクサスのコンセプトカー「LF-FC」の内部。

ントグリルも、Ｓクラスこそ光沢メッキのものを使っているが、装いはレクサスのスピンドルグリルと比べてもずっと地味だ。それ以外のモデルでは、今日ではボディと同じカラーで、枠の中が黒く見えるグリルがついているだけである。

それでもいかにもメルセデス・ベンツらしく見えるのは、全体のプロポーションが素晴らしい均整を保っているからだ。デザイン部門を引っ張っているゴードン・ワグナーは、モダン・ラグジュアリーを提唱しており、今後もシンプル路線を走るものとみられる。

メルセデス・ベンツ以外のブランドは、さらに地味だ。

カリム・ハビブ率いるＢＭＷはモール類を極力減らしているばかりか、２０１５年に発売された最上級セダンの７シリーズは、空気抵抗を減らすデザインの無機質さを隠そうともしなくなった。

アウディも日産出身の日本人チーフデザイナー、和田智が２００５年に大型セダン「Ａ６」で初採用した大型のラジエータグリル「シングルフレームグリル」を継承しながら、全体は硬質なイメージの単純なデザインだ。イアン・カラムのジャガーは、それはそれで魅力的だった古典的イギリス流デザインから訣別。ボルボはかつては角張ったデザインが特徴だったが、今日では直線は自然になじまないという考えのもと、ボディ表面に折り目をつけないデザインを主流としている。

〝ミニマリズム〟がキーワードに

この動向は、なにも自動車ばかりではない。昨今、ミニマリズム（最小限）というキーワードが欧米のアート界でもてはやされているのだ。

写真の世界では、すでにその傾向がはっきりと表れている。近年までは画像加工ソフトを極限まで活用し、まるでクリスチャン・ラッセンの版画のようにあでやかな色彩を出す写真が大流行していたのだが、最近は中間色の青空と地平線にポツンと1本樹木が立っているような、あるいはまったく無地の壁に小さなオブジェを配したシーンを切り取ったような、表現要素を極限まで絞った写真が増えているのである。

こうした表現は日本文化の〝わびさび〟に通じるものだ。千利休のように、何もない茶室に一輪だけ花を置いて、そこを支配する空気をガラリと変えるという技法は今日でもよく見かける。文学では吉田兼好の手になる「神無月のころ」で描かれた庵の世界である。実は初代レクサスLS400も、余計なものを極力排するという点ではミニマルだったといえる。

現在、レクサスが突き進んでいる華美なエモーショナル路線は、ライバルの動向と見比べると、完全な〝逆張り〟といえるものだ。NXやRXなどはやや表現過剰なきらいがあるように感じられるほどだが、少なくとも欧州のライバルブランドのデザイナーからはポジティブな感想のほうが多く聞かれる。

とくに面白かったのは2014年にデビューしたクロスオーバーSUVのNXへの反応。「狼の皮を被った羊」と呼ばれているのだ。

世界の自動車業界では古くから、地味なスタイルなのに走りに関しては猛々しい性能を持っているクルマを表す比喩として、キリスト教の聖書に出てくる言葉を流用して「Wolf in sheep's clothing（羊の皮を被った狼）」という表現が使われてきた。NXはその真逆である。つまり、見た目は狼で走りは羊というわけだ。これは、レクサスを批判するための言葉ではない。NXは走りの質感という点では、プレミアムセグメントのモデルのライバルほどではなく、まさしく羊のようなものだ。だが、デザインは狼に相当するくらいの存在感を持っているということなのだ。

福市はファッショナブルなブランドという概念について、次のように語る。

「社会をリードしている本当のハイソサエティ（上流社会）の人たちは、カジュアルになってきているんです。普通はフォーマルな格好をしていくようなところでもわざと着崩したり、Gパンで行くようになっている。昔から、上流文化ってそうやってつくられたんだと思いますよ。自分で何がいいかということを定義づけるのではなく、面白いことを気の向くままにやる。それを、後世の人があれこれと解釈をつけているにすぎない。レクサスは、そういう層に感応してもらえるブランドを目指しているんです」

最後に残る最大の課題は、確固たるブランドづくり

福市をはじめとするレクサス関係者に対し、社長の章男は「台数は追わなくていい」と常々語っているが、これはクルマが売れなくてもいいという意味ではない。「多数派を追って没個性になるくらいなら、存在感を放つクルマをつくることを考えろ」と解釈すべきなのだ。

世の中は面白いもので、多数が常に少数を圧倒するわけではない。少数には少数の強みがある。とくに経済力に余裕のある顧客が多いプレミアムセグメントは、多数派（マジョリティ）をあえて選ばず、対抗馬を積極的に支持するという人の割合が高い。もちろん対抗馬となるためには、主流派と大きく異なる、それでいて魅力的なキャラクターを持っていなければならない。デザインは正解のない世界であり、何かをやれば必ず批判も浴びる宿命にあるものだが、少なくともレクサスは今のところ、「他とは違うことの価値」を演

出することにある程度成功しつつあるといえる。

クルマのデザイン改革で一定の成果を出す一方、クルマの味を高めることをはじめ、取り組むべきテーマの明確化も進みつつあるレクサス。最後に残る最大の課題は、確固たるブランドづくりである。

「つくり」という表現は、的確ではない。ブランドは、つくり手のほうが意図的に創出しようとしてできるものではない。マーケティングの世界ではよく、ブランドはこうしてつくるというノウハウのようなものが軽々しく語られているが、そのとおりにやっていいブランドができた例などほとんどない。成功例として挙げられているものの多くは、当てずっぽうがたまたま当たったことに、後付けの理屈を並べ立てているものばかりだ。

「ブランドイメージとは、お客様の心の中だけにあるものだと思う。いいなぁ、素敵だなぁと思っていただくための方法はひとつ、彼らの思いを我々が目いっぱい受け止めて、うそや見せかけを徹底的に排して、本当に真っ正直に答えを提示することだけだと思うんですよね。もしそれが気に入られなかったときは、我々がその思い、期待を受け止めきれなかったと反省して、また挑戦する。その繰り返しだけが、ブランドをつくる」

こう語るのは、マツダが存続の危機に幾度も直面しながら一度も投げ出さず、25年にわたってつくり続けてきた少量生産の小型オープンスポーツカー「ロードスター」の開発責任者、山本修弘である。プレミアム、ノンプレミアムといった表面的な区分けとはまったく関係なしに、「マツダがつくるロードスター」というブランドイメージは世界に浸透している。開発陣は一様に、ロードスターに愛情を注いでいる。そして全国のイベントに、自分の保有するロードスターで、片道500キロメートルだろうと1000キロメートルだろうと、自走して参加している。それは業務ではなく、自主的な活動だ。

今や、クルマは特別なものではなく、誰にとってもごく身近に存在しているものだ。よほど特殊な環境でもないかぎり、日常生活の中でクルマを1台も見ない日など1日もないくらいである。あって当たり前の、ともすれば水か空気か、白物家電のような存在にもなってしまうクルマを特別なものにするのは、つくり手が生活の糧を得るための仕事という領域を超えて抱く〝カーガイ〟としての情熱だけだ。

本当のパッションとごまかすことのない自分の思い

本書を書くにあたり、多くのレクサス関係者から話を聞かせてもらったが、これに関してどれだけ尋ねても、ブランドのテーマであるアメイジング・イン・モーションのようなお題目は聞けたが、「これが魂だ、ひたすら目指す道だ」という熱気を感じさせられる回答を最後まで聞くことができなかった。これらのことは、レクサス、アキュラ、インフィニティの〝日の丸プレミアム御三家〟に共通することである。

厳しい見解を述べたが、レクサスにとってブランドイメージの構築はそんなにも高いハードルかといえば、それはまったくそうではない。本当のパッションを持って、ごまかすことなく自分の思いをクルマに込めていけば、自然と高みに上っていける。強力なライバルが存在しているとはいえ、もともとクルマは、そんなに高尚なものではなく、機能だけでなく情感をともなう製品としては、どちらかというと〝俗〟な部類に入るものだからだ。

世界の中でも、多くの人が安心して購入し、乗ることができる自動車メーカーの数は多くはない。プレミアムカーやプレステージカーになれば、さらに数は限られる。

クルマという商品の持つ〝俗〟な側面

よく、クルマのデザインや成り立ちを表現するのに〝個性的〟という言葉が使われるが、これは商業主義以外の何物でもない。ごく限られた選択肢しかない量産車の中からどのクルマを選ぶかという程度のことで、当人のセンスがにじみ出る衣類や宝飾品と同じような個の表現の道具になるわけがないのだ。

選択肢が限られていることだけでなく、商品特性自体も、あまり創造的なものではない。たとえば同じ工業製品でも楽器は、たとえ世界有数の名器であっても、買っただけではパフォーマンスは発生しない。何年、何十年と自分の人生の時間を割いて鍛錬を重ねて習得したテクニックと、その間に培われた芸術観のすべてをぶつけて演奏することで、初めて楽器としての価値が生まれる。スポーツ用品などもしかりで、お金さえあればいくらでもいい物を買うことができるが、それで自らが躍動するには、資質と鍛錬が必要。お金で買える製品とお金で買えない自分の能力が渾然一体となって、初めて使う喜びが生まれるのである。それはまさに、自己表現の世界だ。

クルマはそれらとは、違う。機構設計、デザイン、味つけなど、モノづくりからパフォーマンスまでの大半をつくり手が行い、完璧な状態で顧客に引き渡される。顧客の側は、お金と運転免許さえあれば誰でも好きなクルマを買い、味わうことができる。消費者としての満足はあるが、自己表現の要素は薄い。パフォーマンスが生まれるのはプロ、アマチュアを問わずモータースポーツやアドベンチャードライブ。また、クルマそのものを工芸品として扱うクラシックカーくらいのものだ。

そういう世界であるから、ユーザーとのコミュニケーションについては、名うてのプレミアムセグメントであっても総じて野暮ったい傾向にある。これは、クルマという商品の持つ〝俗〟な側面がそうさせているので、そこから脱してセンスのよさを主張するのは、それだけで困難だ。

クルマのある人生、ライフスタイル

クルマにも、顧客側の手に委ねられるパフォーマンスはある。それは、走り味やデザインの先にある、クルマのある人生、ライフスタイルだ。その様相は千差万別だが、傾向はクルマの種類や格によってわりとはっきり分かれる。

そこを読みきって成功したクルマづくりのケースは、実はトヨタにある。豪華な装備と威圧的なスタイリングを持つフルサイズバン「アルファード/ヴェルファイア」だ。最高価格はオプションを一切つけない状態で700万円超という、レクサスの中でも比較的高いモデルに相当する高額車である。

アルファード/ヴェルファイアを走らせてみると、圧倒的な静粛性の高さと、ちょっとした道路の凸凹であれば振動をほとんど全部吸収してしまうような乗り心地のよさに度肝を抜かれる。その乗り心地は、決してクルマの質の高さからくるものではなく、ハンドリングなどクルマの基本性能をある程度犠牲にして成り立っているもの。また、どんな道でも乗り心地が最上というわけではなく、凸凹が長く続くようなところだとフロアがブルブルと振動して、質感が低下する。それでも、8割の道で乗り心地が驚異的によければいいという割りきった設計なのだ。

乗り心地、静かさ以上にインパクトが強かったのは、外装の露悪的だが迫力のあるスタイリングと、夜になるとメーター類やスイッチ類の透過光が都会の夜景のようにきらめく、派手なインテリアだった。天井には好みに応じて色を変えられるファンシーライトも装備されていた。2列目の座席は国際線のビジネスクラスのように立派で、JBLのオーディオをかけると走行中でもサラウンドシアターの中にいるような気分に浸れる。この種のクルマを欲しがる顧客の深層心理まで汲み取ったかのような、商品企画であった。

美学、哲学、教養など高い資質が必要

「このクルマを買うお客様は、お金がある人だけに限りません。若者がフルローンで買うことも結構あるんです。ある若いお客様と話をしたことがあるんですが、元々あまり友達がいなかったのに、（旧型の）ヴェルファイアを買ったらとたんに皆が寄ってきて、一躍

友達の輪の中に自分がいた、それが嬉しい、と。そういうお客様に喜んでもらえるようなクルマに仕立てようと、工夫を重ねました」

開発を手がけたエンジニアの一人は、このように語る。

アルファード／ヴェルファイアのテレビコマーシャルは、一般的な目線で見れば上品とはいい難い。ヴェルファイアの場合、キングコングのようなゴリラが出てきて「このクルマはすべての大人に似合うわけではない」、最近では「本当に高級な物は、その高級さを自ら語ったりはしない」が謳い文句である。後者など、テレビコマーシャルでそういうナレーションを流していること自体、語るに落ちるとしかいいようがないのだが、これがまたヴェルファイアの顧客層には響くのだ。

結果、アルファードとヴェルファイアは高額モデルであるにもかかわらず、2015年1月にフルモデルチェンジされてから年末までに、合計9万8000台が売れた。それだけで、レクサスの国内販売台数の2倍以上である。

もちろんこんなモノづくりやコミュニケーションはトヨタブランドだからできるのであって、レクサスでこんなやり方をしたら、即ブランドイメージが下がってしまう。レクサスも、どちらかといえばワルの要素が強いが、プレミアムブランドの世界では、悪ぶるにしても美学、哲学、教養など、高い資質が必要だ。単なるアウトローでは、悪の華を咲かせることはできない。

やりたかったことをやる。それがすべて

レクサスはユーザーとのコミュニケーションについて、福市がいうように今のところ、カジュアル路線を取っている。テレビコマーシャルはポップ調。また、新型車が出ると、そのたびに顧客を招待してナイトイベント「レクサス・アメイジングナイト」を開催しているのだが、それもまたディープハウスミュージックが会場に流れ、ミラーボールが回ったりカクテル光線が飛び交ったりと、サブカルチャー系である。レクサスがそういうブランドを志向している以上、「演出」は一つの方法だろう。だが、それを続けるなら、イベントも余計に〝本物〟を感じさせるものでなければならない。

テレビコマーシャルもしかりだ。このところ、レクサスのコマーシャル映像は、VFX（特殊効果）を多用した〝奇抜な〟ものが主流である。2016年2月時点で最新のものは、スポーツセダンのIS2台がパン食い競走を行うというもの。このようなジョークをテーマとするコマーシャル映像は、手法としては存在するが、そのようなコマーシャルにおける〝はずし〟のテクニックは、端正さを身につけたブランドがやってこそ、意外な一

面を見せる効果がある。福市が、「いわば着崩しのようなカジュアルブランドを目指す」というコンセプトをすでにデザインで目いっぱい表現しているレクサスでさらにそれを行って、はたして似合うのかどうか。

「やりたいことをやる。それがすべて」と福市はいう。

これはブランドの新境地を拓くうえで、非常に大事なことだが、課題は、やろうとしていることが本当にやりたいことなのかどうか、だ。

レクサスインターナショナルはトヨタ社内のバーチャルコーポレーションとしてある程度独立性を持たされているが、そこで働くのは基本的にトヨタマンで、レクサスインターナショナルが自分自身のためにスタッフを採用したりすることはない。トヨタから異動してきた人材が皆、レクサスに来たとたんにレクサスマンとしてレクサスのことを第一に考えるようになるとはかぎらない。レクサスを担当している間、自分のキャリアに傷がつかないようにと保身を考える人材も当然出てくるだろう。そうならないためには、レクサスの独立性をもっと高めて専従のスタッフを置く、すなわち分社化に近い状態まで持っていくか、レクサスがトヨタにおける出世コースのひとつになるかである。

人間は誰でも、自分や家族の人生がいちばん大事である。その人間が、レクサスに心血を注ぐことは、会社のためだけでなく自分の人生にもプラスになることなのだと思わせる環境づくりが大事だ。

デザインはもっと切り分ける必要がある

ブランドづくりでいえば、トヨタのレクサスのブランド分けは今後、さらに徹底させる必要がある。また、新技術の投入はレクサスのほうを常に大きく優先させなければならない。トヨタはノンプレミアム、レクサスはプレミアムなのだから、そうするのが当然だ。

ところが、レクサスのモデルはパワートレインをとっても、一部の強力なエンジンを除けば、トヨタとほぼ同一だ。2013年5月に発売された中型セダンのISには、排気量2・5リットルと3・5リットルの2つのV型6気筒エンジンに加え、燃費に優れた2・5リットルハイブリッドが用意された。しかも、ボディとタイヤの隙間がぴっちりと詰まって見えるよう、ボディ側のタイヤハウスを薄くつくる技術も投入された。実は、それらの技術はISより半年近く前の2012年12月に発売された「クラウン」に先行採用されていた。これについてレクサス関係者は、「本当はISに使うための技術で、本来はISのほうが先に出るはずだったのですが、2011年3月11日の東日本大震災の発生で出る順番が狂ってしまったのです」と説明する。もともとISのほうが先に出る予定だったのであれば、なぜ予定が狂ったとしても、ISを先に出さなかったのか。クラウンのほうが部品の調達網の復興が多少早かったとしても、そんなに後先が大きくずれるほどの違いは出ないはずで、待たせるべきはクラウンのほうだったのである。

たとえば大震災がなくとも、ISが出てから1年と時間を置かずに同じような技術がトヨタから出るというのでは、顧客はまず、「単にレクサスのほうが先でしたよ」というアリバイづくりとしか受け取らないだろう。もちろんすべてのエンジンを別にするような必要はないし、差異化のポイントは安全や情報通信など他にもいろいろあるが、特別なハイパフォーマンスモデルのエンジン以外にもレクサスならではの〝目玉〟は必要だ。パドルシフトを付けている程度では、それこそ熱意を疑われるというものだろう。

デザインは、もっと切り分ける必要がある。典型例はトヨタのクロスオーバーSUV「RAV4」。デザイン的には2015年秋まで販売されていたレクサスブランドの旧型RXと似ている部分があまりにも多すぎて、エンブレムがレクサスだったらレクサスと信じてしまいそうだ。たとえ旧型のものであっても、レクサスのデザインファクターはトヨタでは使わないという覚悟が必要だ。

G'sと呼ばれる特別モデルの中には、レクサスのスピンドルグリルに似たグリルを持つものがある。これも厳に慎むべきだ。そういうことを行うかぎり、レクサスとトヨタはモノづくりの考え方を含めて根っこは同じで、レクサスはしょせん「付け足し」という印象を払拭することは難しいだろう。

LS400のチーフデザイナーだった内田邦博は、エンブレムの問題を指摘する。

「レクサスを本気で育てる気があるのなら、エンブレムはもっと大事にすべきです。トヨタはハイブリッドカーに使うエンブレムの色を通常モデルと変えることでハイブリッドカーのブランド化を図りましたが、レクサスでもそれを行っています。ハイブリッドは本来、黒であるエンブレムの地の部分を青みがかった色にしている。ブランドの象徴であるエンブレムをそんな扱いの例が他にあるでしょうか。レクサスが偉いのか、ハイブリッドが偉いのか、はっきりさせるべきです」

レクサスは、日本の自動車産業全体の命運を握っている

課題は他にもある。しかしながら、レクサスにとって光明なのは、今は何もなくとも、世界の名品になろうと勇気を持って行動を起こしたことだ。本気でなく、自分のできることを適当にやっているだけなら、失敗しても「どうせ本気ではなかったんだ」といういい訳ができてしまう。

一歩進んで、失敗したときにいい訳が成り立つような提案しか出さないような雰囲気に包まれた組織もある。今の日本社会全体に蔓延している大企業病である。だが、本気で物事に取り組めば、よかったところ、ダメだったところが浮き彫りになる。課題の明確化は、人や組織が飛躍するための最大の目印であり、レクサスはそれが見える世界に、アキュラ、インフィニティに先んじて足を踏み入れているのだ。

こういった課題を一つずつクリアにしつつ、クルマづくりのセンスを磨いていけば、もともとそれほど高尚ではないクルマの世界のこと、レクサスが日の丸プレミアムブランドの先陣を切って、「世界の名品」と呼ばれる存在になることは決して不可能ではない。幾多の困難は待ち受けているだろうが、決意を持ち続けるかぎり、未来は明るいのだ。

クルマの設計、生産、品質管理など、世界の中でも間違いなくトップランナーにいる日本の自動車メーカーが、これまで幾度となく挑戦しては敗退を繰り返してきたプレミアムセグメント。販売台数は総需要の1割だが、利益は5割近くに達すると分析されるこの世界は、日本にクルマづくりを残すための重要なフィールドだ。レクサスがそこで成功を収めることができれば、あとのブランドもそれに続くことができるだろう。

レクサスはトヨタ1社のみならず、日本の自動車産業全体の命運を握っている。その新たなる挑戦は、まだ始まったばかりだ。

（登場人物は、敬称略）

あとがき

「良品廉価」という言葉がある。多くの日本企業がこの言葉を金科玉条としてきた。第二次世界大戦で国土が焼け野原になり、文字どおりの無一物から見事に再起を果たした日本。その成功のカギはまさしく良品廉価。いい物が安いとあらば、売れないわけがなく、世界を日本製品が席巻した。

その成功が今、残念ながら〝毒〟になっている。いい品をなぜあえて安く売らなければならないのか。筆者はある日本車メーカーの経営者に、その質問をしたことがある。すると、その社長は欧州製の腕時計を見せながら、

「この時計は何の変哲もないのに、むやみに高価だ。我々はそんな商売はしない」

と答えた。では、顧客が喜んで高いお金を払うといっても受け取らないのかと返すと、

「いや、そういうわけではなくて」

と返答に窮した。品質のいい物を安く売って企業の成長を図るのは、今や人件費をはじめとする固定費の安い新興国が取るべき戦略だ。国が経済成長を遂げて固定費が上がれば、そのぶん利益は圧迫される。いつまでも良品廉価でいられるわけではないのだ。

日本は先進国となった後も、良品廉価に固執し続けた。高度経済成長のときにあまりにも成功しすぎたため、あたかも良品廉価が成功の絶対的な法則であるかのように錯覚してしまったのだ。それでも、日本の労働者が世界でも類を見ない驚異的な忍耐力の高さと創意工夫力を発揮したことで、先進国でありながら高いコスト競争力を維持することができた。

実は、この忍耐と創意工夫が、付加価値をどう高めていくかという日本企業が抱える課題を見えにくくし、変化を阻害したといっても過言ではない。利益が上がっているのだから、このままでいいか、という考えである。それがいかに危険なことであるかは、家電や重電、生命科学など、多くの分野でかつての有力企業が次々に危機に陥り、息絶えている現状を見れば一目瞭然だ。何か大きなイノベーションが起きれば、薄利多売は一撃でひっくり返されてしまう。自動車業界世界首位のトヨタとて、未来永劫安泰というわけではないのだ。

レクサスは、そんな良品廉価、薄利多売の呪縛からの解放を目指すための、貴重な挑戦である。それを実現させるために何よりも大事なのは、人間の心に「喜び」を湧き起こらせるようなモノづくりだ。自動車や航空機の開発では今や欠かせないもののひとつである設計ソフトウェアの世界首位、フランスのダッソー・システムズの関係者はいう。

「ソフトウェアは流体力学や構造力学など、さまざまな要素をミックスして計算し、これは最適というものをはじき出す。しかし、それが人間にとっていいものであるかどうかはまったく別の問題だ。なぜなら、機械は喜びのための計算はしないからだ」

レクサスインターナショナルの福市得雄プレジデントの「クルマはスリルがあるから楽しい」という言葉にいま一度注目したい。そこにあるのは道徳や機械的な正しさといった前提に囚われない、人間としての本能的な願望だ。経済用語においては、付加価値とは原価と売価の差額でしかないが、私が考える本当の付加価値とは、〝数値化できない喜びの対価〟として支払われるものだ。

今はまだ道半ばなれど、顧客に感動をもたらす高付加価値のクルマづくり、ブランド確立に向かって勇気ある一歩を踏み出したレクサスのチャレンジを心から応援したい。また、本書執筆にあたり、取材に応じてくださった方々、トヨタ自動車広報担当者の本吉由里香、矢野将太郎、編集を担当いただいたプレジデント社書籍編集部の渡邉崇、また監修を引き受けていただいた先輩ジャーナリストである福田俊之の各氏に謝意を表したい。

2016年3月　井元 康一郎

井元康一郎（いもと・こういちろう）
ジャーナリスト

1967年鹿児島生まれ。立教大学卒業。イタリアの聖チェチリア音楽院中退。高校教員、オルガニスト、娯楽誌および財界誌の記者を経て独立。自然科学、自動車、宇宙航空、電機、エネルギー、楽器、映画・音楽など幅広い分野で取材活動を行い、雑誌およびウェブ媒体に寄稿している。自動車はメインフィールドのひとつで、自由旅行の楽しさの再発見を目指す。著書に『プリウスvsインサイト』（小学館）がある。

レクサス

トヨタは世界的ブランドを打ち出せるのか

2016年3月31日　第1刷発行
2016年4月 9 日　第2刷発行

監　修　福田俊之
著　者　井元康一郎
発行者　長坂嘉昭
発行所　株式会社プレジデント社
〒102-8641 東京都千代田区平河町2-16-1
平河町森タワー 13F
電話（03）3237-3732（編集）
（03）3237-3731（販売）
販　売　高橋 徹　川井田美景　森田 巌
遠藤真知子　末吉秀樹　塩島廣貴
編　集　渡邉 崇
制　作　関 結香
印刷・製本　凸版印刷株式会社

ISBN978-4-8334-2169-0　Printed in Japan